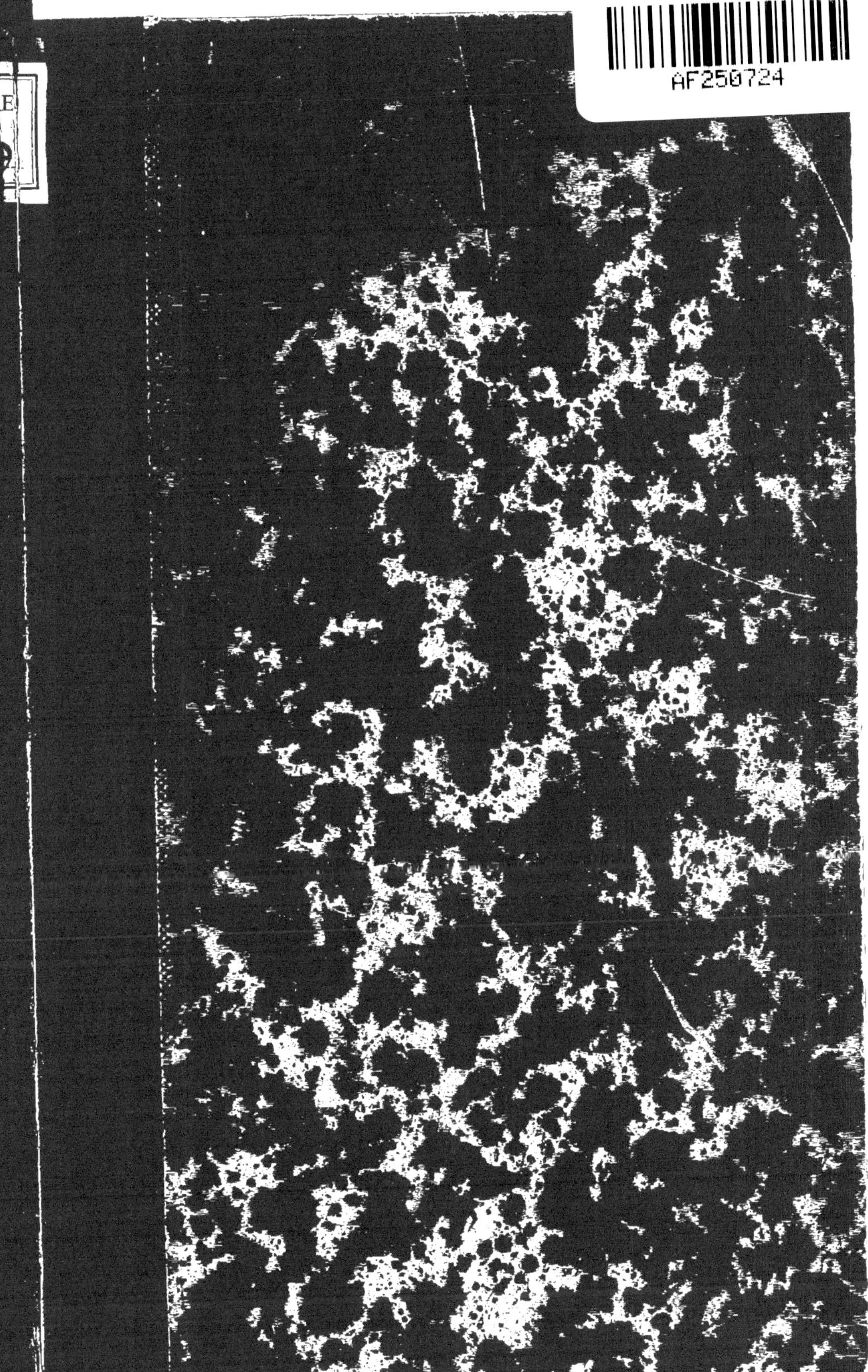

# ESSAI



## LA MINÉRALOGIE ARABE.

# EXTRAIT N° I DE L'ANNÉE 1868

## DU JOURNAL ASIATIQUE.

# ESSAI

SUR

# LA MINÉRALOGIE ARABE,

## PAR M. CLÉMENT-MULLET,

MEMBRE DES SOCIÉTÉS ASIATIQUE, GÉOLOGIQUE ET PHILOTECHNIQUE
DE PARIS, ETC.

# PARIS.

## IMPRIMERIE IMPÉRIALE.

M DCCC LXVIII.

# ESSAI

SUR

## LA MINÉRALOGIE ARABE.

---

### LES PIERRES PRÉCIEUSES.

#### OBSERVATIONS PRÉLIMINAIRES.

En poursuivant nos études sur l'histoire naturelle chez les Arabes, nous avons été amené à nous occuper de la minéralogie, et particulièrement des *pierres précieuses* ou gemmes. Déjà il y a plusieurs années le traité de Teifaschi, spécial sur cette matière, avait fixé notre attention; mais d'autres travaux auxquels nous ont appelé diverses circonstances nous avaient forcé d'interrompre ces recherches, auxquelles nous revenons aujourd'hui.

Le traité de Teifaschi a donc été notre guide exclusif dans cet essai. C'est l'ouvrage qui nous a paru le plus méthodique et le plus complet pour cette matière. Il se compose de xxiv chapitres consacrés à vingt quatre pierres différentes, avec une préface, dans laquelle l'auteur fait connaître assez brièvement son but et son plan.

Dans chaque chapitre l'auteur expose les causes de l'existence de la pierre, c'est-à-dire la manière dont elle s'est formée d'après les théories alors admises, et particulièrement celles professées par Aristote et Belinas [1]. Ces théories

---

[1] Les savants ne s'accordent point sur l'application du nom de بليناس, qu'on trouve aussi écrit بلينوس et بلينوز. Mon illustre maître de Sacy

rentrent à peu près dans le même système. Nous en avons parlé déjà dans notre article *Sur la pesanteur spécifique de diverses substances minérales*, inséré dans le *Bulletin* n° 6 de 1858 de ce journal; nous y reviendrons ici en quelques mots seulement. Ce système a pour bases principales la terre et l'eau amenées à l'état d'exhalaison *fumeuse* ou *vaporeuse* ou à celui d'exhalaison *sèche*. Par la condensation elles forment, la première, les substances fusibles et les métaux, tandis que la seconde produit les corps combustibles et les pierres. La chaleur et le froid, la sécheresse et l'humidité, ont une grande part à la réalisation du phénomène. On croyait encore à la transmutation des éléments, et leur passage de l'un dans l'autre facilitait aussi beaucoup l'explication de divers incidents que sans cela on n'aurait jamais pu comprendre. Le soufre et le mercure étaient encore des agents

pensait qu'il s'appliquait à Apollonius de Thyane. Il a développé ses raisons dans le t. IV des *Notices et Extraits*, p. 110 et suiv. Dans une note placée à la p. 483 du t. III de la *Chrest. arabe*, 2ᵉ édit. M. de Chezy semble se ranger à cette opinion et renoncer à appliquer le nom de *Bélinas* à Pline, parce qu'il n'a pas trouvé dans ce dernier les passages qui portent le nom de *Belinas*. Nous aussi nous avons en vain cherché dans le naturaliste latin les passages que Teifaschi donne sous ce nom. Cependant Flügel adopte l'identification avec Pline; il invoque les raisons sur lesquelles on peut l'appuyer, citées, mais réfutées par M. de Sacy dans la discussion, et il les corrobore de plusieurs arguments assez graves, tous tirés de la manière dont le nom arabe est écrit. Lorsqu'il doit s'appliquer à Apollonius de Thyane, on lit, dit-il أبولونيوس [*]. Néanmoins, une raison de douter, c'est que dans le tome III, p. 54, on lit la citation d'un livre de Belinas كتاب بليناس au milieu d'ouvrages qui traitent de magie ou de talismans علم الحروف والاسماء, article 4475, ce qui convient infiniment mieux à Apollonius de Thyane. MM. de Chezy et Flügel ne doutent pas néanmoins que les Arabes aient pu avoir connaissance des Latins. L'identité entre la description du *cousin* dans celles qu'en font Pline et Kazwini porte le premier à le croire. Quant à nous, nous admettons l'opinion de notre savant professeur.

[*] T. VII, p. 645. كشف الظنون عن اسامى الكتب والفنون
*Lexicon bibliograph. et encyclop.* a Mustapha ben Abdallah, Katib selebi dicto, et nomine Hadji khalfa celebrato, edit. Gust. Fluegel, Lond, 7 vol, in-4°.

très-importants dans la production des métaux. Le soufre en est dit le *père* ou *l'esprit,* et le mercure la *mère* ou *l'âme.* Un troisième agent intervenait aussi quelquefois, c'était *l'arsenic,* qui partageait avec le soufre la qualité *d'esprit.*

Les pierres précieuses étaient rattachées aux métaux dont elles possédaient les principes élémentaires. Mais ces principes s'étant modifiés dans leur concrétion par des accidents causés par la chaleur et la sécheresse, le froid ou l'humidité, ils étaient détournés du but primitif et l'on avait une pierre précieuse, une gemme, جوهر , au lieu d'une substance métallique, فلز. C'est pourquoi nous trouvons les gemmes classées d'après les métaux auxquels l'auteur les rapporte. Ainsi l'*yaqout* ou corindon est une pierre qui se rattache à l'or, حجر ذهبي. Il a dû commencer par posséder les éléments de l'or, mais des accidents locaux tenant à la nature et à la position du sol de gisement, l'action du soleil, les influences du froid et du chaud en changèrent la nature, et au lieu du métal, il se produisit une gemme. Alors si la chaleur et la sécheresse sont dominantes, la pierre est rouge : c'est un rubis. Si la chaleur vient à faiblir, la pierre est jaune : c'est la topaze. Si la chaleur devient tempérée et douce, la pierre est blanche : c'est le rubis incolore. Si la sécheresse est en excès et si l'influence du froid se fait sentir, c'est la nuance noire qui en est le résultat. Quelquefois cette nuance n'est que superficielle et l'intérieur est resté rouge. Quelquefois aussi les deux nuances noire et rouge viennent se combiner à la surface et produisent la nuance bleue. Mais l'yaqout, lui-même, est une substance minérale générique à laquelle se rattachent d'autres gemmes : ainsi l'émeraude commença par recevoir les éléments qui constituent l'yaqout. Mais des accidents de localité et de température joints à l'influence solaire firent ressortir la couleur verte, qui est une combinaison de plusieurs nuances diverses. L'origine du béryl est identique avec celle de l'émeraude modifiée par des circonstances physiques. Le rubis balais et le zircon, le quartz hyalin, sont encore des yaqouts affaiblis par la prédominance de l'humidité. Le quartz chatoyant ou *œil de chat* et la cornaline rouge, عقيق, à laquelle se rattache l'onyx, جزع, sont dans le même cas. Le cuivre est un élément générateur pour la turquoise, la malachite et la lazulite. Le fer a contribué à la formation de l'aimant, à celle de l'améthyste et de l'hématite. L'argent est le générateur pour le jade et pour le jaspe, et enfin le plomb [1] est celui du jayet ou de l'obsidienne, سبج. Le diamant dérive de l'or et au diamant se rattache l'émeril.

Le bézoard, soit minéral, soit animal, est d'une nature spéciale; le corail est une plante marine et le talc tombe sous forme de rosée ou de manne.

Telle est très-sommairement l'origine attribuée par Teifaschi et en général par les minéralogistes arabes aux pierres précieuses. Nous n'avons pas cru devoir trop insister sur ces théories qui, admises alors, sont aujourd'hui surannées et rejetées bien loin par la science moderne. Cependant, s'il faut laisser de côté ces données sur l'origine des pierres, il peut être bon de porter quelque attention sur la classification de Teifaschi. Il a groupé ensemble et réuni en un même chapitre les diverses espèces d'yaqouts ou corindons : le rubis, le saphir, la topaze, l'améthyste et le corindon blanc. Cette division est encore admise aujourd'hui par les minéralogistes. Ce groupe comprend l'élite des pierres précieuses les plus estimées après le diamant. Le rubis balais et le zircon sont aussi indiqués comme pouvant être classés ensemble. L'émeraude et le béryl sont groupés ensemble et souvent compris indifféremment sous les noms d'émeraude ou de béryl, زمرود ou زبرجد. Aujourd'hui le mot *béryl* est pour les minéralogistes le nom générique sous lequel vient se ranger l'é-

---

[1] رصاص. Nous avons vu ailleurs que ce mot était le nom arabe de l'étain et أسرب celui du *plomb*, interprétations fixées par les chiffres des densités. Nous avons vu aussi que souvent les auteurs prenaient indistinctement l'un pour l'autre, que parfois aussi on ajoutait, pour mieux spécifier la signification, les épithètes أبيض pour l'étain et أسود pour le plomb. Ici, puisqu'il s'agit de substances noires, nous croyons pouvoir traduire par *plomb*.

meraude comme espèce de genre. Ces classifications montrent
que déjà la science avait fait des progrès. Quant aux autres
classements, tels que la réunion du jade et de la malachite, etc.
avec le béryl, c'est une erreur facile à comprendre quand on
ne prenait pour détermination que la couleur et les caractères extérieurs.

Après avoir exposé la théorie de la formation des gemmes,
Teifaschi énumère les espèces distribuées d'après leur beauté
et leur prix.

Il énumère ensuite des qualités qui constituent le mérite de
la pierre, puis viennent les défauts qui la déparent et qui la
déprécient, avec les moyens de les corriger quand il y en a.
Nous avons laissé de côté ces paragraphes comme étrangers
à notre but et sans utilité pour la philologie, quoiqu'ils
puissent en avoir pour la technologie.

Les propriétés des substances nous ont paru avoir quelque
intérêt et nous les avons rappelées quand elles peuvent surtout servir à l'histoire de l'art, comme nous avons rappelé
des procédés qui ont de l'analogie avec ceux aujourd'hui en
usage. Pour les propriétés médicales, nous nous sommes abs-
tenu d'en rien dire. Teifaschi se montre assez sobre et réservé à l'égard des *propriétés* ou *influences propres*[1], ce qu'on
appelle aujourd'hui *action électro-magnétique*. Nous n'avons
pas cru devoir nous en occuper.

Teifaschi termine par un paragraphe fort curieux : le *prix*
et la *valeur commerciale* des diverses pierres dans les marchés
les plus importants de l'Asie. Nous avons, à notre très-
grand regret, dû laisser de côté cette partie de l'ouvrage, qui
eût été bien intéressante par la comparaison qu'elle aurait
permis de faire des prix d'alors avec les prix actuels. En rap-

---

[1] وهن pl. de خاصّة «propriétés» talismaniques des Nabathéens. خواصّ
الّتي اسمها طلسمات انّها هو اعتمال اشبيا بخواصّها «ce qu'on
nomme *talisman* n'est que l'action des choses par leurs *propriétés*.» C'est le
סגולא des Araméens.

prochant les prix donnés par Boetius de Boot [1] mis en regard, il en serait résulté un ensemble de documents précieux pour la statistique et l'économie sociale. Nous pensons néanmoins pouvoir y revenir tout prochainement.

Nous le répétons, c'est l'œuvre de Teifaschi qui forme la base principale de notre travail. Teifaschi, comme nous l'avons dit ailleurs, vivait en l'an 640 de l'hégire (1242 ère chrét.), c'est-à-dire au xiii° siècle, ainsi qu'il est dit au chapitre iv. du *béryl*. Son nom entier paraît être Ahmed-ben-Ioussouf-Al-Teifaschi, mais nous trouvons dans un manuscrit Abd-Allah Ahmed Ioussouf Teifaschi. Il existe à la Bibliothèque impériale trois manuscrits complets du livre de Teifaschi.

Le premier, sur lequel nous avons fait notre copie et que nous avons suivi, a pour titre : كتاب الاحجار تأليف الامام

1°. العلامة شهاب الدين احمد بن يوسف التيفاشى رحمه الله

est dit à la fin du livre que la copie en a été faite et terminée en l'année 826 de l'hégire (1422 ère chrét.), le 17° jour de Dsou'l-Hadjah, par Mohammed-ben-Abou-Bekr-ben-Aly-al-Hossein-al-Asiouthy. Ce manuscrit porte le n° 969, A. F.

2° هذا الكتاب يشتمل على خواص الاحجار ومنافعها وقيمها تاليف العبد الفقير يوسف التيفاشى رحمة الله تعالى عليه امين

Le volume se compose de 42 feuillets, belle écriture, format in-8°. Il ne porte point de date (881. suppl. ar. B. I.).

Un volume inscrit sous le n° 878, suppl. ar. renferme quatre manuscrits ayant rapport à la matière.

Le premier a pour titre : كتاب اللآلى المضيئة فى خواص الجواهر والاحجار الملوكية تاليف الشيخ الامام العالم العلامة الحبر البحر الفهامة ابى عبد الله احمد بن يوسف التيفاشى عفى الله عنه امين. *Le Livre brillant (litt.* perlé) *lumineux sur la propriété des gemmes et des pierres royales composé par le scheik, l'iman, le savant, l'illustre, le docteur, le généreux, l'intelligent Abou*

---

[1] Il vivait au xv° siècle.

*Abd-Allâh Ahmed ben Ioussouf Teifaschi , que Dieu lui par-*
*donne. Amen.* Peut-être devrait-on lire بحر الفهامة, *la mer de*
*l'intelligence.* Cette partie du numéro remplit 75 feuillets
in-4°, belle écriture, mais sans date.

La seconde partie a pour titre : كتاب خواص الاحجار لحنين
بن اسحاق الحكيم *Livre des propriétés des pierres de Honéin-ben-*
*Isahaq le sage.* Cette partie comprend 26 feuillets. Il y est exclusivement traité des propriétés magiques et talismaniques.
La fin manque.

La troisième a pour titre : كتاب خواص الاحجار ومنافعها
وما ينقش عليها من الطلسمات وغيرها لعطارد بن محمد
الكاتب. *Le Livre des propriétés des pierres et leur utilité et ce*
*qu'on y grave en fait de talismans et autres de Ohthârid ben-Mo-*
*hammed le Kâtib.* Cette partie n'est pas complète; elle comprend avec ce qui suit 77 feuilles. Ces parties sont ornées
de figures.

La quatrième est une sorte d'appendice qui, sans une in-
terruption bien marquée, vient à la suite du précédent sous
ce titre : رسالة بعض الحكماء والعلماء القدماء فى الجواهر والخواص
الخ. *Lettres de quelques-uns des sages et des savants de l'anti-*
*quité sur les pierres précieuses et leurs propriétés.* Ce traité, dit
le catalogue , est attribué à Avicenne.

A la feuille 70 r° sont des explications curieuses sur les
jeûnes pratiqués en l'honneur des astres. صيام الكواكب
واوقاتنها فى ما يقال عند سؤال الحاجة. *Jeûne des astres, leurs*
*époques et ce qu'on dit en demandant le nécessaire.*

Le livre de Teifaschi a été publié, texte avec traduction ita-
lienne, à Florence, par M. Raineri , sous ce titre : *Fior di pensieri*
*sulle pietre preziose di Ahmed Teifascite, opera stampata nel suo*
*originale arabo, colla traduzione italiana appresso e diverse not.*
*di aut. Raineri. Firenze,* 1818, in-4°. Le texte arabe est inti-
tulé كتاب ازهار الافكار فى جواهر والاحجار تصنيف الامام العالم
احمد بن يوسف التيفاشى العنسى. Ce texte est beaucoup moins

complet que celui des manuscrits de la Bibliothèque impériale. Le traducteur a ajouté des notes qui laissent beaucoup à désirer sur plusieurs points, mais qui ont aussi leur utilité pour d'autres.

Antérieurement, l'œuvre avait été signalée aux savants, parce qu'elle avait fourni le sujet d'une thèse soutenue par S. Raw et publiée sous le titre suivant : *Specimen arabicum continens descriptionem et excerpta libri Achmedis Teifaschii de Gemmis et lapidibus pretiosis, quod præside patre Sebal. Ravio publice defendet filius Seb. Fulco Ravius auctor.* Traj. ad Rhenum, 1784, in-4°. Cette publication ne traite que des trois premiers chapitres de l'auteur arabe ; elle contient des notes qui ont leur mérite.

Parmi les manuscrits arabes traitant des pierres que nous avons consultés, nous citerons les suivants :

1° Le manuscrit 970 A. F. qui a pour titre : كتاب كنز التجار فى معرفة الاحجار *Le Livre du trésor des marchands dans la connaissance des pierres.* Il contient 88 feuilles in-4°, écriture asiatique bien lisible. Il n'existe du frontispice que des lambeaux qui ne peuvent être rapprochés, ce qui les rend illisibles. La préface, assez longue, rappelle sommairement les merveilles de la création et cite les noms de vingt-trois auteurs grecs et arabes, parmi lesquels nous remarquons ceux de Hermès, de Belinâs, Aristote, Afroustous (Théophraste), Ptolémée, Massoudi, Gazali, Abourihan al-Birouni et autres moins connus.

Le livre se termine par cette mention qu'il a été écrit par Baïlak al-Qabadjâqi, lequel en est l'auteur : بيلك القبجاقى المؤلّف, au Caire en l'an 681, hég. et 1282 J. C. L'auteur, après avoir traité de l'or, de l'argent et du cuivre, arrive aux pierres précieuses, pour lesquelles il suit servilement Teifaschi. Il ajoute parfois quelques renseignements pratiques ; il promet les positions géographiques, mais la place des chiffres est presque toujours restée en blanc. Il donne aussi les valeurs vénales, puis il ajoute, ce qu'on ne voit guère dans Teifaschi, les propriétés talismaniques et les influences propres, sur lesquelles il s'étend largement. Nous avons usé beaucoup du ms. 879, suppl. ar. qui a pour titre سرّ الاسرار فى معرفة الجواهر والاحجار *Le secret des secrets dans la connaissance des gemmes et des pierres.* Ce manuscrit est un petit in-4° de 64 feuilles, belle écriture asiatique; malheureusement, plusieurs pages sont tachées, ce qui gêne pour la lecture. Il n'y a ni date ni nom d'auteur, la préface est presque nulle. L'auteur dit seulement qu'il a rassemblé les opinions des anciens et des modernes sur les gemmes, sur la beauté des couleurs et sur leurs propriétés naturelles ou médicales; mais, comme Teifaschi, il a été fort réservé sur les propriétés magiques et talismaniques. Ce livre traite de 76 pierres, nombre trois fois plus fort que celui de Teifaschi. Ce dernier y est peu cité, Al-Kendi et Al-Ghafaki le sont assez souvent. Mais on trouve des documents intéressants pour l'histoire de l'art lapidaire à cette époque. Nous avons aussi consulté Ibn-Beithar, qui nous a fourni de bons renseignements. Nous nous sommes servi du ms. 1,023, B. I. A. F. Kazwini nous a encore été utile quelquefois, mais nous ne devons pas oublier le *Livre des pierres d'Aristote traduit par Luca ben Sérapion.* كتاب الاحجار لارسطاطاليس ترجمه لوقا بن اسرافيون, ms. 876, suppl. ar. Il en existe une traduction rabbinique inscrite sous le n° 305 des mss. hébr.[1].

---

[1] On trouve dans Hadji Khalfa, édit. Flügel, t. V, art. 9773, la mention d'une autre traduction du *Livre des pierres d'Aristote* sous ce titre : كتاب الاحجار لارسطو صنّف واستخرج بنظره والارشاد الآلهى خواصّها ومنافعها وذكر فيه خاصيّة سماية حجر ولابى الريحان محمد بن محمد البيروني. «Le livre des pierres d'Aristote. Il l'a composé et produit par son intelligence et l'inspiration divine. *Il donne leurs qualités, leur utilité.* Il a décrit les propriétés de 600 pierres et plus. (Abou'l-Rihan-Mohammed, ben Mohammed-Albirouni *a fait un pareil travail.*) Wenrich, p. 159, parle du Livre des pierres d'Aristote sans citer la traduction de Luca (*De auct. græcorum version. syriacis, arabicis, armeniacis, persicisque commentatio,* etc. Lips. 1842, in-8°).

Outre les manuscrits que nous avons cités, il en existe encore un qui est inscrit sous le titre de كتاب جواهر الاحجار لحكيم بن الجرار, *Le Livre des pierres précieuses d'Ibn-el-Djérar*, in-4°, belle écriture, n° 880, suppl. ar. On y retrouve le texte de Teifaschi, sauf quelques variantes de peu d'importance. L'auteur dit cependant dans sa préface qu'il a voulu faire un livre « qui vînt en supplément à tous ceux déjà publiés sur cette matière » زايد مزيَّة على الكتب الموضوعة فى هـذا الفن من عدَّة ووجوه. Il dit aussi qu'il garantit l'exactitude de ce qu'il avance et de ce qu'il a emprunté, « parce qu'il a expérimenté lui-même » ممّا جرّبته بنفسى او وثقت بصحة النقل فيه عـن غيرى.

Le n° 881 du même supplément est encore un texte de Teifaschi.

Notre travail ne s'est point borné à l'étude des noms des pierres précieuses chez les Arabes, nous avons encore abordé celles citées par les Grecs et les Latins, surtout lorsqu'elles ont de l'analogie avec celles dont Teifaschi a traité. Nous avons appelé à notre aide le *Livre des pierres* de Théophraste et sa traduction française de Hill, et le poëme d'Orphée sur les *pierres*[1].

Pour les Latins, Pline se présente en première ligne. Nous avons étudié consciencieusement les notes du P. Hardouin et celles surtout qui sont placées à la suite des livres sur la matière dans la traduction publiée par Panckouke. L'auteur est,

---

[1] *Theophrasti Eresii quæ supersunt opera et excerpta librorum* — *ad fidem librorum editorum et scriptorum*, emendavit Io. Gott. Schneider, Saxo; 5 vol. in-8°, Lips. 1818.

*Traité des pierres de Théophraste*, traduit du grec, avec des notes physiques et critiques de M. Hill, in-12, Paris, 1764.

*Orphei Argonautica, Hymni et de lapidibus*, curante And. Christ. Eschenbach, Noriberg. Traj. ad Rhen. in-12, 1689. Cet Orphée, qui semble être le même que celui qui a été chanté par Virgile, paraît avoir vécu, suivant S. Clément d'Alexandrie, vers la 50ᵉ olympiade, et, suivant d'autres vers la 60ᵉ au temps de Pisistrate, 540 environ avant l'ère chrétienne.

je crois, M. Delafosse, de l'Institut, dont le nom suffit pour garantir l'exactitude du travail.

Parmi les modernes, nous citerons Boetius de Boot qui appartient presque au moyen âge, puisqu'il vivait vers la fin du xv<sup>e</sup> siècle [1].

La *Minéralogie appliquée aux arts*, par Brard, nous a été encore très-utile. Nous accorderons aussi bien volontiers une mention honorable aux *Éléments de minéralogie* de MM. Girardin et Lecocq, et au *Guide pratique*, de M. Charles Barbot, œuvre d'un homme intelligent et fort habile dans la matière. Et enfin nous dirons que le Dictionnaire d'Histoire naturelle de Déterville a été très-utilement consulté. Parfois aussi nous avons interrogé avec avantage le savant ouvrage sur les *Monuments du cabinet de M. de Blacas*, de notre savant et bien regretté maître, Reinaud. Parmi les vivants, nous devons nommer M. l'abbé Bargès et M. Rodet, qui nous ont bien aidé de leurs excellents conseils. Nous rappellerons aussi avec bonheur les intéressantes conversations que nous avons eues sur ce sujet avec notre savant ami Munk.

Enfin, nous avons cherché à compléter notre œuvre en donnant les chiffres de densité des substances qui étaient à notre disposition. Nous nous sommes servi de notre article sur la *Pesanteur spécifique de diverses substances minérales*, d'après l'*Ayn-Akberi*, inséré dans le *Journal de la Société asiatique*, année 1858, n° 6, et de la publication faite par M. de Khanikoff dans le journal de la société orientale américaine sous le titre : *Analysis and extracts.* كتاب ميزان الحكمة *Book of the Balance of Wisdom, an arabic work on the water-balance*, written by 'Al-Kâzwini, etc. octob. 1852, t. VI.

Nous avions pensé aborder la minéralogie de la Bible et

---

[1] *Gemmarum et lapidum historia*, edidit Anselmus Boetius de Boot, Lugd. Batav. in-8°, 1647.

*Minéralogie appliquée aux arts*, par C. P. Brard, Paris, 1821, 3 vol. in-4°.

*Guide pratique du joaillier* ou *Traité complet des pierres précieuses*, etc. par Charles Barbot, in-12, fig. Paris, 1867.

surtout les noms des pierres du pectoral du grand prêtre, mais la question présente des difficultés si nombreuses, il y a tant d'incertitude et de divergence parmi les traducteurs, que nous avons cru devoir y renoncer. Il faudrait pour un tel sujet un travail tout spécial auquel, Dieu aidant, nous y pourrons peut-être revenir.

## CHAPITRE PREMIER.

### LA PERLE.

La perle chez les Arabes portait trois noms : لُؤْلُؤ, دُرَّة, au sing. et au pluriel دُرَّات, دُرَر et جَوَاهِر, دُرَّاء plur. جَوْهَر. Ce dernier mot a primitivement une signification plus étendue; ainsi il se prend pour *gemme* et *corps minéral,* en général, et même pour la *substance* dans le sens philosophique. Les Persans écrivent كُوْهَر. — C'est ce que nous enseigne Teifaschi : الجَوْهَر اسم عامّ لجَميع الاحجار ثمّ خصّ به هذا بعينه لفضله عليها المعدنية — « *Djouer* est le nom commun de la totalité des pierres extraites des mines, ensuite on l'a employé pour spécifier particulièrement la perle à cause de sa grande valeur. »

La perle porte ensuite, dans l'usage habituel, divers noms, suivant l'état dans lequel elle se trouve. Ainsi, quand elle est percée comme pour entrer dans la composition d'un collier, on l'appelle جَوْهَر جَانة ou شَكَّرة au singulier, et جَوَاهِر, جَان ou شَكَر au pluriel. Si la perle est imperforée et entière, on l'appelle دُرَّة, حَبَّة et خَريدة, au plur.

خرايد. et حبّ درّ et . Mais لولو serait le nom spécial de la perle imperforée. Quand la perle est blanche, elle reçoit encore le nom de تومة au sing. et au plur. توم ou تُوم avec *fatah*. On trouve encore le nom حفردة au sing. et حفارد au pluriel, que les dictionnaires traduisent par *bacca margaritæ* vel *gemmæ*.

En somme, جوهر est le nom générique de toute espèce de perle grosse ou petite. La grosse perle s'appelle درّة, et la petite لولو; on trouve encore les noms de مرجان, اللولو النظم, اللولو الآق, et même *parva margarita*, nom qui, comme nous le verrons, est aussi celui du corail, ce qui a pu quelquefois causer des erreurs dans les interprétations. Nous voyons مرجان pris dans ce sens et opposé à درّ dans le vers suivant d'Amrou'l-Kaïs cité par le ms. 969, suppl. ar. fol. 159 :

فاعزله مرجانها جانبًا    فاخذ من درّها المستجادا

De même je laisse de côté les perles (de mes vers qui sont) petites, et je n'en prends que les grosses qui sont les meilleures.

En persan, nous trouvons le nom de مروريد, qui rappelle très-bien le *margarita* des Latins et μαργα·ρίτηs et μάργαρον des Grecs.

Chez les Hébreux, la perle portait les noms de פנינים, Prov. III, 15, VIII, 11, XX, 15, XXXI, 10; בדלח, Gen. II, 12, et Nomb. XI, 7; דר, Esth. I, 6.

Bochart a fait trois longues dissertations pour

prouver que ces trois noms doivent être appliqués
à la perle exclusivement; mais cette opinion est
très-controversée[1]. Il s'appuie pour פנינים sur son
analogie avec le grec πίννα qui s'entend bien plutôt, comme le *pinna* des Latins, du mollusque que
de la perle elle-même; aussi cet argument est signalé par Gesenius comme étant sans valeur. Les
Septante ont traduit par *lapides pretiosissimi*, λίθοι
πολυτελεῖς, la Vulgate par *opes* (*Prov.* III, 15), *pre-
tiosissimæ* (res) (*ibid.* VIII, 11), par *gemmæ* (*ibid.*
XX, 15). Dans le chap. IV des *Lamentations*, où l'on
trouve אָדְמוּ עֶצֶם מִפְּנִינִים, que nous traduisons littéralement par *ils sont plus rouges que le corail*, Bochart
trouve le moyen de traduire dans ce passage פנינים
par *perles* (*loc. cit.* d. 611 et 612), s'appuyant sur
ce qu'en arabe ادمة se dit de la couleur blanche
dans le chameau[1]. Il est vivement réfuté par Rosenmüller et Gesenius. Absolument ce mot se traduit
bien par *perles*, mais quelques commentateurs ont
vu que dans ce passage le mot *corail* était plus rationnel; M. Cahen a suivi cette interprétation qu'avant
lui avaient approuvée Rosenmüller (*Bibl. Naturgesch.*
t. II, p. 458, etc.) et Gesenius (*Thes. ling. hebr.* v°
cit.).

Les commentateurs juifs ont donc beaucoup varié
sur la signification de *Peninim*. David Kimchi et
autres traduisent par *Sardios, Pyropos, gemma quæ-
libet rubra*. Mais Raschi et autres plus récents tra-

---

[1] *Hierozoïcon*, t. III, liv. V, chap. VI, VII et VIII, édit. Rosenmül.

duisent par *perle*[1]. Sur le mot בדלח, Bochart a fait une longue dissertation pour prouver qu'on doit le traduire par *perle*. Mais il y a beaucoup d'opinions contraires à la sienne. בדלח est cité dans la Genèse, II, 1-2, où il est question des produits du paradis terrestre, parmi lesquels sont cités זָהָב « l'or בְּדֹלַח, » et אֶבֶן הַשֹּׁהַם. La signification du premier mot n'est pas douteuse; quant au second, celui qui nous occupe, les opinions sont très-partagées. Nous laissons maintenant de côté le troisième nom, sur lequel nous reviendrons plus tard.

Les Septante ont traduit בדלח par ἄνθραξ, *carbunculus*, escarboucle; Cahen, dans sa traduction, a suivi cette opinion. La Vulgate traduit par *bdellium*, qui est une sorte de résine odorante que fournissent les régions de l'Orient, connue de Dioscorides (1, 80), et de Pline (XII, XLI). Elle découle d'une espèce de *baumier* ou du *Borassus flabelliformis* Linn. Ce qui semblerait militer en faveur de l'opinion admise par Bochart, c'est, dit-on, ce qu'on lit Nomb. XI, 7, où la manne est comparée à la graine de coriandre ayant la couleur du *bedolah*, c'est-à-dire blanche; mais la couleur du *bdellium* s'applique très-bien aussi à la couleur de la manne, comme on le voit dans Josèphe, *Antiq. Jud.* III, c. 1, § 6. Le savant Huet, évêque d'Avranches, partageait aussi cette opinion, qui est vivement réfutée par Saumaise (*Plin. Exercit.* 1150). Le premier qui traduisit par *perle* fut

---

[1] V. Bochart, Rosenmüller et Gesenius, *loc. cit.*

Sadias au Xe siècle. Gesenius, après mûr examen, finit par dire que cette opinion, qui vient des Juifs, n'est point à dédaigner. Bochart voit même une « perle de choix, » فريد, dérivé de فرد, qui serait l'équivalent de בדל, racine de בדלח: Dans tous les cas, la version par *escarboucle* n'est pas admissible[1].

דר, qui se rapproche beaucoup de l'arabe دَرّ, est cité dans Esther, 1, 6, à l'occasion de la description des richesses du palais du roi Assuérus. Parmi les pierres qui composaient le pavé, רצפת, figure le דר, que Cahen n'a pas traduit, et d'autres en font un marbre et notamment la Vulgate, *parius lapis*, parce qu'il est peu vraisemblable qu'on ait employé des perles pour faire des pavés. Bochart, *Hieroz.* II, p. 642, a fait une longue dissertation pour prouver que דר est bien « la perle. » Il se fonde sur l'analogie qui existe entre l'hébreu et l'arabe, et sur l'opinion du rabbin Hunâ : אמר רב הונא אית אתר דצוחין למרגלית דורה « Rabbi Huna dit : Il y a un lieu où la perle (*margarita*) est appelée *doura*. » הדרא דכרכי ימא רבא *Doura ex ambitu* vel *arcibus maris magni* (*veniens*). Rosenmüller (*Bibl. Naturgesch.* 1, 23) et Gesenius (*loc. cit.*) pensent que cette expression peut bien s'appliquer à la perle, car son emploi, dans les mosaïques et autres

---

[1] Parmi les autorités importantes que cite Bochart à l'appui de son opinion, il y a Benjamin de Tudèle qui, en parlant du littoral de la mer Rouge, dit qu'à Katipha on trouve la *perle* הבדולח. Édrisi parle aussi de cette pêcherie, et les détails dans lesquels il entre se retrouvent dans Teifaschi. *Itin.* Benj. Tudel. II, p. 89, texte, et 137, trad, d'Asher. 2 vol. Lond. 1840.

ornements du palais, n'a rien d'étonnant chez les souverains orientaux, qui se sont plu à afficher toujours beaucoup de luxe et de faste. Tous deux pensent néanmoins qu'il s'agit plutôt d'une pierre, d'une espèce d'albâtre qui, par sa nuance et son brillant, rappellerait l'albâtre de la *perle*, soit l'albâtre gypseux, soit l'albâtre calcaire, *Perlenmutterstein* des Allemands. Bochart traduit par *perle*, admettant son emploi dans le parquet en mosaïque; cette opinion, il la soutient en s'appuyant de nombreuses citations (*Hieroz.* II, 711, pr. éd. et III, 642, édit. Rosenmül.). Quant à nous, nous adoptons pleinement l'opinion de Bochart, et, à l'appui des nombreuses citations faites par ce savant, nous ajouterons ce passage de Pline: *Neque enim gestare jam margaritas nisi calcent ac per uniones ambulent, satis est.* (Lib. IX, LVI.)

Dans l'hébreu talmudique, la perle, comme nous venons de le voir, est appelée מרגלית et מרגל, מרגלא, trois expressions qui, en réalité, sont des altérations du grec μαργαρίτης.

En grec, nous trouvons dans Théophraste μαργαρίτης. Il considère la perle comme une *pierre diaphane*, λίθος διάφανης. (*De Lapid.* t. I, p. 695, édit. Schneid.) Dans Élien, on rencontre en outre le mot μάργαρος (*Hist. anim.* xv, 8). C'est de là, comme nous l'avons dit, qu'est dérivé le *margarita* des Latins, qui rappelle le mot persan مروارید, et qui semble être le nom générique de la perle. *Unio* serait le nom des grosses perles, suivant Saumaise (*Exercit. Plin.* p. 1,169), qui se livre à de très-longues et de trèsminutieuses recherches dans lesquelles nous nous abstiendrons de le suivre. Il suffit du reste de lire Pline avec attention pour être convaincu de l'assertion (Lib. IX, LIV et suiv.).

Notre mot français *perle* viendrait, suivant quelques lexicographes, du latin *pyrula*, petite poire, à cause sans doute de la figure *pyriforme* qui, quelquefois, se trouve dans la perle.

La perle, en arabe, eut encore dans le commerce d'autres noms suivant sa condition bonne ou mauvaise. Ainsi, le ms. 879, suppl. ar. fol. 22 v°, parle de perles enveloppées de « deux ou trois écorces » قشرتان او ثلاثة appelées نصلى. Une autre espèce, terne comme un os, était appelée طور. Ces noms techniques manquent dans les dictionnaires.

Nos auteurs arabes, en parlant de l'origine de la perle, rappellent toutes ces erreurs qui dominèrent jusqu'à ce que des observations plus rigoureuses et plus exactes eussent révélé la nature véritable de la perle et la cause de son existence.

La génération de la perle, suivant les anciens, était la conséquence de vapeurs humides ou d'eau pluviale absorbées par l'animal de la coquille au mois de nisan (avril) ou bien au temps de l'année où la mer est très-agitée. Ces vapeurs ou cette eau se concrétaient dans l'intérieur de l'huître, ce qui donnait ainsi naissance à la perle.

Cette doctrine, attribuée à Aristote, est celle que nous trouvons le plus généralement citée d'après le *Livre* du philosophe grec *sur les Pierres*. Nous n'avons

plus le texte de ce Livre des Pierres, mais nous avons
un manuscrit arabe donné pour la traduction de ce
livre d'Aristote par Luca, fils de Sérapion. (*Vid.
supr.* Obs. prélim.) On y lit exactement les mêmes
théories que dans Teifaschi. Elles paraissent avoir
été exclusivement dominantes, car Bochart les re-
produit dans une citation de Kalonymos (*Hieroz.*
III, 595), et Massoudi, cité par Teifaschi, dit aussi
la même chose. Théophraste, sans entrer dans aucun détail, dit : Γίνεται δὲ ἐν ὀσἼρείῳ τινὶ ϖαρα-
πλησίῳ ταῖς ϖίνναις. *Elle est engendrée dans une
ostracée voisine du pinna* (t. I, p. 695, édit. Schneid.).
Suivant Pline, quand la saison est venue, les huîtres
s'ouvrent, aspirent la rosée, qui est pour elles un fluide
fécondant et par l'effet duquel elles mettent au jour
des perles qui sont leur progéniture dont la qualité
est, en raison de celle de la rosée, absorbée. *Hac
ubi genitalis anni stimulaverit hora, pandentes sese quadam oscitatione impleri roscido conceptu tradunt, gravi-
das postea niti, partumque concharum esse margaritas,
pro qualitate roris*[1] *accepti.* (IX, LIV.) Or il n'y a pas
une grande différence entre l'absorption de vapeurs
humides ou de l'eau pluviale. Suivant une opinion
citée par le ms. 879, suppl. ar. fol. 19 v°, « les opinions seraient partagées sur l'origine de la perle;

---

[1] Cette rosée est dite par Solinus *lunaris aspergo* aut *lunaris imber,*
qui, suivant Saumaise, est le *ros* de Pline. Il cite le vers suivant tiré
du *Pervigilium Veneris* :

*Humor ille quem serenis sudant astra noctibus.*

Exerc. Plin. 1131 c.

suivant les uns, elle se produit dans la coquille comme l'œuf dans les animaux » واختلفوا فى تولّده فى هذا الصدف فـــنهم مـن قال انه يتكّون فيه كما يتكّون البيض فى الحيوان. Du reste, l'auteur dit qu'il y a identité entre la substance de la perle et celle de la coquille; ce qui le prouve, c'est l'identité dans les propriétés de l'une, de l'autre. اللولو يوجد فى الصدف وهو مناسب للجوهر فى سايز خواصّة وهـــذا يــدلّ على انه يتولّد منه « La perle se trouve dans la coquille, et ces deux choses sont concordantes dans toutes leurs propriétés, ce qui montre que la première est engendrée de la seconde. » Édrisi dit à peu près la même chose sur la production de la perle, et de plus il entre, pour la manière de la pêcher, dans des détails qui pourront être lus avec quelque intérêt. (Édrisi, 1, 377 et suiv. trad. Jaubert.) Kazwini ne diffère en rien des auteurs que nous venons de citer. Les Arabes ont évidemment puisé à la source grecque (Kazw. p. 115, édit. Wust.).

Tous ces auteurs aussi s'accordent à dire que « la coquille fécondée plonge dans les profondeurs de la mer et qu'elle y pousse des racines, se ramifie et passe à l'état de plante après avoir été animal » هبط الصدف الى قعر البحر فانغرس هنالك فى قعر البحر ويضرب بعروق فيتشعّب منه مثل مثل الشجر فيصير نباتيًّا بعد ان كان حيوانيًّا. (Teifas.) Ces assertions viennent évidemment d'une mauvaise explication de ces filaments nombreux ou *byssus* que produisent en abondance certaines coquilles du genre *pinna*[1].

Ces théories anciennes ont disparu complétement devant les observations plus sérieuses de la science moderne. Ainsi, on sait maintenant que la perle n'est qu'une sécrétion d'un liquide qui se concrète et forme un corps solide et dur, de couleur d'un blanc argentin, si recherché pour les ornements de luxe.

Les Arabes, qui paraissent avoir tiré toute leur science des Grecs, n'indiquent qu'une « ostracée » اسطوروس comme produisant des perles, et souvent même ils se contentent, comme Kazwini, de dire la « coquille de la perle » صدف الدرّ, et la « pierre de la perle » حجر اللولو. Théophraste, comme nous l'avons vu, indique une *pinna* ou un genre voisin. Pline mentionne cette dernière coquille et une *mye, mya* (IX, LVI).

Aujourd'hui, il est constaté que toutes les co-quilles bivalves dont l'intérieur est nacré peuvent produire des perles; mais celles qui en fournissent le plus sont : les *avicules*, la *pinna marina* et la *Muletta margaritifera*.

D'après les Arabes, « les endroits où se trouvent le plus habituellement les perles » معدنه الذى يتكوّن فيه, les plus recherchées, sont l'île de Sérandib

---

[1] Dans la citation de Kalonymus faite par Bochart, III, 595, déjà indiquée, on lit aussi des choses curieuses sur l'huître à perle et son mode d'existence. C'est un document utile pour faire connaître l'état de la science à cette époque.

(Ceylan), l'île de Kisch, كيش [1], Oman, Bahrein, l'île de Khârok[2], située entre Kisch et Bahrein. Le littoral (*litt.* la terre de la Perse) donne les plus belles perles, celles des autres lieux sont moins estimées, de même que tout ce qui vient de la mer de l'Hedjaz. Édrisi mentionne le littoral qui va d'Oman à Bahrein comme possédant des pêcheries de perles. Il en désigne cinq : Sohar, Damar, Mascate et Djolfar. (T. I, p. 157.)

Élien cite la mer Érythrée comme produisant des perles ainsi que la mer des Indes; ce sont ces deux mers qui, suivant lui, fournissent les plus belles. L'île de la Bretagne, ἡ Βρεταυικὴ νῆσος, et même le Bosphore en donnent qui sont d'une qualité inférieure. (Ælian. x, 13, et xv, 8.)

Pline cite également la mer Rouge et celle des Indes comme donnant les plus belles perles. La mer d'Italie, *nostrum mare*, en fournissait aussi et en plus grande abondance que les environs du Bosphore de Thrace. L'Acarnanie en produisait encore.

---

[1] On lit dans Aboulféda كيش et كيس ; ce dernier nom se trouve, dit le géographe arabe, dans le *Lobâb* اللباب. On voit aussi au même endroit : جزيرة كيس وبالعربى قيس ; c'est une île située entre l'Inde et Bassora. Il y a une pêcherie de perles. (Aboulféda, texte, p. ٣٧٤ et ٣٧٣.)

[2] خرك Tous les textes de Teifaschi lisent ainsi; mais Aboulféda, Édrisi et Kazwini lisent خارك avec un élif. C'est une île située entre Kisch et Bahrein. Il y a une pêcherie de perles. Ravius lit aussi خارك, ajoutant qu'on trouve aussi كرك ; mais, dans le géographe arabe, ce nom s'applique à d'autres localités. *Vid.* Aboulf. texte, ٣٧٢; Kazwini, édit. Wusten. p. 115; Édrisi, trad. I, 372, et Ravius, p. 72, note.

Les plus belles se trouveraient dans le voisinage d'Actium et sur le littoral de la Mauritanie.

En parlant de ce qui constitue le mérite de la perle, tous nos auteurs anciens s'accordent à dire qu'il consiste particulièrement dans la blancheur, la netteté et la sphéricité, conditions qui se trouvent rarement réunies dans la perle. وجيّد الجوهر فى الجملة هو المدحرج القار الصافى الشغاف الكبير لجرم الرزين الدقيق الثقب

« En somme, وجيّد اللولو الدقّ الابيض النقى من الوسخ la beauté de la perle consiste en ce qu'elle soit ronde, d'un bel aspect[1], luisante, brillante, d'un fort volume avec un trou petit quand elle est percée. La beauté de la petite perle, c'est qu'elle soit fine, blanche, pure de toute souillure. » (Teifaschi, ms. 969, A. F. fol. 162). افضل الدرّ عندهم المفردة

وهى المستدير الشكل التى لا تضريس فيها وتسمّى عند عامّة الجوهريين المدحرجة التى تجمع الاوصاف الخمس النقا والشفيفة وهى المائية وكبر الجرم والدحرجة وضيق الثقب « La belle perle chez eux, la perle unique (la séparée)[2], est de forme ronde sans inégalité. Les joailliers communément la nomment *al-modharadj*. Elle réunit ces cinq qualités : la pureté,

---

[1] قارّة lætus, exhilaratus oculus; litt. Ravius traduit : *visu pulcherrima*; nous adoptons cette traduction.

[2] مفرّدة litt. *singularis*, que nous prenons comme synonyme de فريدة (*unio*) *pretiosa vel singularis*, paraît être un nom technique usité dans le commerce de la joaillerie فى اصطلاح الجوهريين.

le brillant, c'est-à-dire la belle eau; elle est d'un
fort volume, ronde avec un petit trou quand elle a
été percée. » (Ms. 970, fol. 25 v°.)

Les formes de la perle sont très-variées, elles
dépendent de la disposition du lieu où elle se forme.

امّا فساد شكلها فمن قبل ان الحبّة تقع فى موضع فى

الحم الذى فى الصدن غير مستو فتجسد الدرّة الى

صورة الموضع الذى ضمّها « L'irrégularité (l'altération)
de la forme de la perle vient de ce que le grain est
tombé dans une partie de la chair qui est irrégu-
lière (non égale). La perle prend un corps d'après
la forme du lieu où elle s'est coagulée. » Les nuances
défectueuses sont également très-variées, et toutes,
elles causent une dépréciation à la perle. Les diverses
dénominations qu'elle reçoit dans l'usage et dans le
commerce dérivent des formes et des couleurs. Le
ms. 879, suppl. ar. fol. 26 et 27, entre à cet égard
dans de grands détails, dans lesquels nous ne le suivrons point, parce que nous serions entraîné trop
loin. Nous y avons remarqué plusieurs expressions
qui ne sont point d'origine arabe et qui, sans doute,
auront été empruntées aux nations avec lesquelles
les Arabes faisaient le commerce de la bijouterie,
soit de la Perse, soit de l'Inde.

La perle en vieillissant jaunit, perd de son éclat;
le voisinage des odeurs fortes et le contact des acides
lui est désavantageux, et elle se dissout dans le vinaigre. A cette occasion, Pline ne manque point de
rappeler le trait de l'histoire de Cléopâtre faisant

dissoudre une des perles de ses boucles d'oreilles et avalant la dissolution. Cette perle, au dire des auteurs, était estimée cent fois cent mille sesterces (*centies centena millia sestercium*), un million de francs de notre monnaie (Pline, IX, LVIII, et note 11 du père Hardouin).

Réduite à cet état de liqueur, la perle était employée en médecine, soit comme collyre pour les yeux, soit pour faire disparaître les taches de rousseur. Nous trouvons plusieurs de ces prescriptions empruntées à Aristote, qui les donne dans son livre sur les pierres.

Si les Arabes nous parlent des altérations que peuvent subir les perles, ils nous indiquent aussi les moyens d'y remédier. Parmi les auteurs cités figure le nom d'Abourihan al-Birouni (ms. 879, supp. ar. fol. 28 v°).

Il était impossible qu'un joyau aussi répandu dans l'Orient que l'a toujours été la perle échappât aux pratiques de la magie et de l'œuvre des talismans; aussi le *Kenz al-Tadjar* (ms. 960 A. F, fol. 27 v°) en parle-t-il, quoique assez brièvement; mais les manuscrits qui sont dans le volume 878, suppl. arabe, s'étendent avec complaisance sur les préparations magiques des substances minérales et des pierres précieuses pour en obtenir les effets des influences astronomiques. Le livre d'Honein, fils d'Isaac le sage, كتاب خواصّ الاحجار et celui de Otharid, fils de Mohammed el-Katib, qui porte le même titre, entrent dans de grands détails sur le temps et les circonstances astronomiques à observer pour obtenir un bon résultat. Ils indiquent la planète sous laquelle sont placées les pierres, et donnent les dessins des figures qui doivent être tracées, avec les formules des carrés magiques.

L'article de Teifaschi et autres auteurs qui ont traité le même sujet se termine par l'indication des valeurs dans le commerce de la perle à ses différents états; nous y reviendrons plus tard, Dieu aidant.

On trouvera, sur l'histoire de la perle dans l'antiquité et chez les Arabes, des détails très-amples dans Bochart, *Hierozoicon*, III, 592, édit. Rosenmül. dans Saumaise, *Exercitat. Plinianæ*, etc. La thèse, ou *Specimen arabicum* de Sebaldus Ravius, chap. III, fournira aussi des documents qui ont leur mérite.

## CHAPITRE II.

### L'YAQOUT (L'HYACINTHE), LE CORINDON.

يافوت *yaqout* est un mot qui dérive bien évidemment du grec ὑάκινθος, comme le latin *hyacinthus*. Nous verrons plus loin comment ce mot qui, chez les Grecs et les Latins, s'applique à des gemmes si différentes, a pu être adopté par les Arabes pour être appliqué à la classe des pierres précieuses qui va nous occuper.

Chez les Arabes le mot *yaqout* s'applique donc à une classe de gemmes qui comprend des genres nombreux dans leurs espèces et très-variés dans leurs nuances. Ce sont encore ces genres qui, après le diamant, fournissent les parures les plus belles et les plus recherchées. Ce groupe de pierres exclusives à l'Orient n'a rien de commun, dans sa nature, avec les pierres du même nom qu'on tire du Brésil ou de toute autre partie du globe.

L'*yaqout* arabe nous paraît répondre exactement au *corindon* des minéralogistes modernes, dans toutes ses espèces et ses variétés. Au lieu de ce mot *corindon*, Brard, dans sa *Minéralogie appliquée aux arts*, emploie constamment le mot *saphir*. Le corindon, suivant les théories modernes, est de l'*aluminium oxydé* et formé d'un atome de minéral et de trois atomes d'oxygène.

Ces pierres précieuses portent encore, dans quelques idiomes, les noms de جوهر, de كبريت et de عسجد, *ahsdjad*. L'intervention de ce mot جوهر, qui prend le sens de *gemme* en général et par excellence, n'a rien qui nous étonne. Mais ce mot كبريت, qui s'applique au *soufre* et à *l'or pur*, sans doute à cause de la couleur jaune, et qui est évidemment dérivé de l'hébreu גפרית, s'explique peu. عسجد s'applique à l'or pur et à toutes les pierres précieuses en général et plus spécialement à l'yaqout (Cast. *Lex. hept.* v° cit.).

L'yaqout, avons-nous dit, comprend plusieurs genres et espèces qui sont caractérisés par des couleurs spéciales.

Cette diversité de nuances est, du reste, la seule différence qui existe entre ces espèces, car les éléments sont exactement les mêmes et, comme le fait

remarquer Brard, on voit parfois deux et trois couleurs réunies sur une seule pierre (*Min. appl. aux
arts*, III, 2o3).

Teifaschi admet les couleurs principales suivantes,
qui sont comme autant de genres dans lesquels les
nuances qui en dérivent constitueraient les *espèces*.

1° الياقوت الاحمر, « yaqout rouge » qui est le rubis
rouge, la thélésie de l'abbé Haüy, ou ياقوت سرخ en
persan, qui a la même signification.

2° الياقوت الاصفر, « yaqout jaune, » la topaze.

3° الياقوت الازرق, « yaqout bleu, » le saphir.

4° الياقوت الابيض, « yaqout blanc, » corindon limpide ou saphir d'eau.

5° A ces couleurs Kazwini ajoute : الياقوت الاخضر,
« l'yaqout vert, » qui est le saphir vert ou l'émeraude
orientale des lapidaires. Le ms. 879, suppl. ar. mentionne aussi l'yaqout vert, et, de plus, le *zaïti* الزيتى
(fol. 13 v°, l. 12).

PREMIER GENRE : L'*YAQOUT ROUGE*, SAPHIR ROUGE DE BRARD.

Il renferme les espèces ou nuances suivantes :

1° الوردى ainsi défini, احمر على لون الورد, « rouge
plus que la couleur de la rose : » c'est le corindon
rose foncé, corindon rubis.

2° البهرمانى == البهرمانى احمر نقى للحمرة حتى ينتهى
الى لون العصفر والبهرمان اسم العصفر « Le corindon de
la couleur *behrmani* est d'un rouge dont la nuance
est pure et qui atteint celle du *safran : behrmân est
nomen cnici ;* » c'est le nom du safran ou de la nuance

aurore. Ce serait le corindon rouge aurore, ou *vermeil* oriental, ou hyacinthe orientale.

3° الخمرى = الخمرى بغرفرية كلون ورد الخيرى « Le vineux est purpurin comme la couleur de la fleur de la giroflée. » C'est l'*améthyste orientale* de couleur rouge-violet ou giroflée [1].

Cette définition des couleurs est celle donnée par le texte publié par M. Raineri, et, telle qu'elle est, elle suffit bien pour nous faire reconnaître les espèces, tandis que le ms. 969 entre dans de plus grands détails, c'est-à-dire qu'il indique toujours les limites extrêmes des nuances en plus ou en moins, et, constamment, cette limite extrême inférieure passe au blanc ou, sans doute, à une nuance très-affaiblie. Seulement pour le *behrmâni*, cette limite inférieure est la nuance dite ورس, c'est-à-dire *flavescens*, « jaunissante [2], » quand l'extrême supérieure est celle du عصفر ou « du safran. »

Le ms. 879 admet une autre division de l'yaqout rouge; il en compte « sept espèces » سبع مراتب.

1° الرمانى = الرمان الفضّ بحبّ يشبه وهو الرمانى

---

[1] Ibn el-Awam, parmi les couleurs de la giroflée (*cheiranthus cheiri*, Linn.), cite la giroflée à fleur pourpre ( زهرة فرفرى , t. II, p. 266, texte). Nous avions pensé lire خبزى , « couleur de mauve, » ce mot n'ayant pas de points diacritiques dans le manuscrit n° 879 suppl. ar. La couleur de l'améthyste pouvait motiver cette lecture.

[2] ورس , *ouars* est le nom d'une plante jaunissante (*flavescens*), pareille au sésame et qui croît dans l'Arabie heureuse et l'Yémen; elle donne une teinture jaune. C'est le *memecylon tinctorium* suivant Sprengel, *Hist. rei herb.* I, 258; Avicenne en traite, t. I, p. 165. Édrisi cite cette plante, I, 51.

الخالص لخمرة الشديد الكتبير المآء « Le *grenadin* ressemble au fruit de la grenade frais, d'un rouge pur et d'une très-belle eau. » Cette description le rapproche du *behrmân*. Effectivement l'auteur dit ensuite qu'il en est qui les considèrent l'un et l'autre comme appartenant à une seule et même espèce, mais que les habitants de l'Irac emploient le mot *behrmân*, et ceux du Khorasan *ramâni*.

2° الارجـواني = الارجـواني فيشبـه بالجــر المتـعـقـد « L'ardjouani (*valde rubicundus*) a été comparé, pour la couleur, à un charbon enflammé. On a fait l'erreur d'écrire, pour *djameri*, *khameri*, qui est le violacé. » Celui-ci serait donc le corindon ou rubis écarlate, *l'escarboucle*.

3° الحمى = الحمى يشبه مآ الحم الطرى الـذى لم يضره الملح « La couleur de chair ressemble au jus de la chair fraîche que n'a point attaquée le sel. » Ce serait sans doute le corindon vermeil, d'un rose clair.

4° البنفسجى = البنفسجى وهو الاكهب « Le violacé est le *akab*. » Or la couleur violette est celle de l'améthyste, celle dite الحمرى « la vineuse. »

5° الجلنارى = الجلنارى وهو الذى يشوبه بعض صفرة « Celui qui est couleur du balaustrier (grenadier sauvage) est celui dans la nuance duquel se montre une teinte jaunâtre. » Il se rapprocherait du grenadin avec une nuance plus affaiblie, mais sans doute plus prononcée que dans celui que nous allons voir dans le genre saphir.

6° الوردى وهو الذى يشوبه بياض = الوردى « Le rose est celui dans lequel a pénétré la nuance blanche. » Ce serait un rose clair, tandis que le rose de la première espèce de Teifaschi serait un rose très-foncé [1].

SECOND GENRE : L'YAQOUT JAUNE, الباقوت الاصفر,<br>LA TOPAZE ORIENTALE [2].

Teifaschi n'indique que trois nuances dans le saphir : 1° الاصفر الرقيق; 2° الخلوق; 3° الجلنارى.

1° الاصفر الرقيق = قليل الصفرة كثير المآء ساطــع الشــعــاع « Le corindon d'un jaune pâle est d'une nuance jaune faible, d'une belle eau lançant beaucoup de rayons (litt. diffus dans ses rayons). » C'est le corindon jaune pâle.

2° الخلوق [3]= وهو اشبع صفرة من الرقيق « Le khoulqi est d'un jaune plus foncé que le précédent. » Corindon jaune foncé.

3° الجلنارى [4]= وهو اشبه صفرة من الخلوق واشدها شعاعًا واكثر مآء وهو اجـود « Le grenadin est d'une

---

[1] Nous n'avons ici que six numéros parce que le premier et le second sont réunis en un seul.

[2] La topaze orientale n'a rien de commun que la couleur avec la topaze du Brésil, qui est d'une autre nature et qui est rayée par le spinelle; on appelle aussi cette topaze rubis du Brésil. (Brard, Min. appl. aux arts, III, 214.)

[3] خلوق est dérivé de خلوق, khalouq, nom d'un aromate dans lequel dominait le safran, ce qui lui donnait une couleur jaune à laquelle est assimilée celle de cette topaze. (Freyt. v° cit.)

[4] جلنارى dérive de جلنار, nom de la fleur ou du fruit du grenadier sauvage, en persan كلنر.

3.

nuance jaune plus foncée que celle du khoulqi, c'est celui qui rayonne le plus, qui a la plus belle eau (la plus abondante); c'est le plus estimé des saphirs. » C'est le *corindon jaune doré* ou *topaze orientale.*

Le ms. de Teifaschi 969 et le *Kenz al-Tadjar* n'ajoutent rien aux descriptions qui précèdent.

Le ms. 869, suppl. ar. indique d'une autre manière les couleurs qui, en définitive, sont les mêmes.

1° قارب الجلناری « qui se rapproche du grenadin. » L'auteur a employé ici cette expression pour établir une distinction, parce que le جلناری figure dans la catégorie précédente. Ce serait très-probablement la nuance modifiée du khoulqi ou jonquille, suivant l'expression de Brard, *Minéral. appl. aux arts,* III, p. 200.

2° المشمشی « la nuance abricot, » mentionnée aussi par Brard (*ibid.*).

3° الاترجی « la topaze de couleur citrine, » mentionnée aussi dans la *Minéral. appl. aux arts, ibid.*

4° التبنی « la couleur jaune-paille; » c'est, comme on sait, une nuance très-affaiblie de la couleur jaune.

Nous ferons remarquer que les couleurs indiquées par Teifaschi sont bien celles que donne Léman dans le *Dict. d'hist. nat. de Deterv.* au mot *Corindon.* Les couleurs données par le dernier manuscrit se trouvent, comme nous l'avons vu, dans la Minéralogie appliquée aux arts, de Brard.

TROISIÈME GENRE : L'*YAQOUT BLEU,* الياقوت الاسمانجونی,
LE SAPHIR ORIENTAL.

Teifaschi distingue quatre nuances :

1° الازرق « le bleu pourpré[1]. »

2° اللازوردى « bleu d'azur. »

3° النيلى « bleu indigo. »

4° الكحلى « couleur bleue très-foncée pareille à celle du kohol, » assez probablement le *corindon noirâtre* de la Chine[2].

5° الزينى [3] « couleur olivâtre, » verdâtre, qui peut

---

[1] ازرق, nous traduisons par *bleu pourpré*, bleu qui a tendance à passer au violet parce que la nuance bleue indiquée par ce mot doit différer de celle indiquée par le mot; اسماكجونى et سماوى indiquent exclusivement le *bleu céleste*. Nous lisons dans Ibn el-Awam que « la fleur de l'aubergine est purpurine, c'est-à-dire bleu *azraq* » زلون زهره فرفرى وهو ازرق. Deux lignes plus loin nous voyons que « la nuance azraq peut passer *au rouge* » وزهره ازرق الى احمر (Ibn Aw. II, 245).

[2] الكحلى est aussi un bleu *très-foncé* qui rappelle la couleur du kohol; nous l'appliquons au corindon noirâtre de la Chine, car on sait que, dans ces deux nuances poussées à l'extrême, il y a confusion. M. Caussin de Perceval, dans son Dictionnaire français-arabe, traduit كحلى par bleu. كحلى se dit de la couleur foncée de la *lazulite*; *vide infra*. كحلى est, pour Ibn Beithar, le nom de la couleur bleue; il n'admet dans l'yaqout que trois couleurs principales; d'après Aristote, ces couleurs sont : اصفر واحمر وكحلى, ici كحلى doit évidemment se traduire par *bleu*.

[3] زينى, Ravius pense que ce mot a été altéré par les copistes et qu'il faut lire زفتى, *piceus*, « de couleur de poix, » c'est-à-dire noir. Théophraste, dans son livre des pierres (I, 695, 37, Schneid.), donne au saphir une couleur *noire* qui s'éloigne peu de celle du *cyanus* mâle et de la *prase*, καὶ ἣν καλοῦσι σάπφειρον· αὕτη γὰρ μέλαινα οὐκ ἄγαν πόρρω τοῦ κυάνου τοῦ ἄρρενος καὶ πρασῖτις. Il est bien clair que μέλαινα ne doit point ici être traduit par *noir*, comme on l'entend ordinairement, mais par *bleu très-foncé*, d'une nuance qui pourtant différerait de la précédente. C'est dans le même ordre d'idée exprimée en sens inverse qu'on dit des *corbeaux aux ailes bleues*. Aussi

très-bien être le corindon verdâtre, qui se rapprocherait de l'émeraude orientale.

Voilà ce qu'on lit dans le texte de Raineri; mais on trouve dans les autres manuscrits : وهو الكحلى «le *koholi*, qui est d'un اشبع من النيلى ويسمّى الزينى ton plus foncé que celui de la couleur indigo, est appelé olivâtre. » Ainsi كحلى et زينى seraient synonymes, et les deux espèces proposées par le texte de l'auteur italien se fondraient en une seule sous le nom de *zéiti*, « olivâtre, » ce qui nous paraît inadmissible, car cette dernière épithète est, comme nous le verrons, appliquée aux substances d'une teinte d'un jaune légèrement nuancé de vert, par suite difficile à rencontrer dans des pierres à fond bleu. Cette considération confirmerait l'exactitude de la correction proposée par Ravius. Nous pourrions peut-être voir ici le *corindon bleu verdâtre* ou

nous adoptons la correction de Ravius. En effet *zeiti*, expliqué comme il l'est plus loin pour le diamant, impliquerait une couleur *jaune couleur d'huile d'olive verdâtre,* والزيتى يخالط بياضه صفرة كلون الزيت. *Dans le zeïti, sa blancheur est mêlée d'une nuance jaune pareille à celle de l'huile d'olive* légèrement teintée de vert, ce qui donnerait un *saphir jaune.* S'il est difficile de voir, dans l'épithète زيتى, *zeïti*, appliquée au corindon bleu autre chose qu'un mot altéré, et dans ce même qualificatif appliqué au diamant autre chose qu'une nuance jaune, plus loin nous la verrons appliquée au béryl, à la malachite et au jaspe, et alors il s'agit de la couleur de l'huile d'olive, si commune dans les régions méridionales, qui est d'une nuance verte plus ou moins foncée. Elle doit être alors le *color oleaginus hoc est color olei* appliqué par Pline ( XXXVII, xviii ) au béryl, pierre de nuance verte. ( *Vid. inf.* chap. *Diamant.* )

*aigue-marine orientale*, qui, suivant le ms. 879, serait
« l'espèce dominante du genre, » فاعلاه الكحلى.

. Nous trouvons ici (ms. 879) une nuance non
mentionnée ailleurs, qui complète la série des couleurs : السماوى « bleu de ciel » bien connue.

QUATRIÈME GENRE : L'*YAQOUT BLANC*, الياقوت الابيض,
LE CORINDON LIMPIDE OU SAPHIR D'EAU.

Il y en a deux espèces seulement :

1° المهاى, *candore nitens*, « brillant par sa blancheur. » Le ms. 879 lui donne l'épithète de بلورى
« cristallin, » c'est-à-dire qui a la transparence du
quartz hyalin. Nous verrons que cette épithète est
aussi donnée au diamant limpide.

2° الذكر le *mâle*. « Il est plus pesant que le précédent, mais il est d'un prix inférieur à tous les autres
corindons » وهو اثقل من المهاى واقلّ شعاعًا واصلب
حجرًا وهو ادونها وثمنه ارخص اثمان جميع اصناف اليواقيت

Le ms. 879 suppl. ar. ne cite qu'une espèce
d'yaqout limpide. Nous traduisons ذكر le nom spécifique de la seconde espèce par *mâle*, à cause de la
dureté de la pierre. C'est la qualification de l'acier.
D'un autre côté cette dénomination se trouve aussi
appliquée aux pierres précieuses. Ainsi nous avons, à
cause de la différence dans l'intensité de la couleur,
le saphir femelle des lapidaires et le saphir mâle des
mêmes.

L'Orient et, dans les régions orientales, l'Inde

surtout, comme nous l'avons vu, fournissaient, avant la découverte du Nouveau Monde et une exploration plus attentive de l'Europe, toutes les pierres précieuses alors connues. La partie de l'Inde qui était le plus en réputation, c'est l'île de Ceylan qui, aujourd'hui encore, est à cet égard en grande renommée.

Nous lisons dans Teifaschi : الياقوت يؤتى به من معدن يقال له كحيران من جزيرة خلف جزيرة سرنديب بنحو اربعين فرسخا والجزيرة نفسها تكون نحوا من ستين فرسخا في مثلها وفيها جبل عظيم يقال له جبل الراهون تحدر منه الرياح والسيول الياقوت فيلتقط وهو حجر ارض ذلك الموضع وحصاة منقولة من جبل الراهون « L'yaqout est apporté d'une mine nommée *Sahiran*, dans une île au delà de celle de Sérandib (Ceylan), à une distance d'environ quarante parasanges. L'île en elle-même est d'une longueur de soixante parasanges sur une largeur pareille. Il y a dans cette île une haute montagne appelée montagne de *Rahoun*. Les vents et les torrents en font descendre les yaqouts que l'on recueille alors. Cette pierre et le gravier, transportés de la montagne, forment le sol du lieu. » L'auteur ajoute ensuite : وهذا الجبل هو الذي اهبط عليه ادم صلوات الله عليه وسلامة من الجنة ومنه خرج الى الارض فاذا اصيب ذلك الحصى اصبب وظاهره مظلم جميل اكثره السواد والغبرة كالحصى الموجود عندنا في هذه الاوان فاذا

استنشقّ فى الشمس اشفّ لونه احمركان او اصفر او سماويا
او غير ذلك من الوان الياقوت «Cette montagne est
celle sur laquelle descendit Adam, sur qui soient
les prières de Dieu et le salut, quand il sortit du
paradis pour venir sur la terre. Quand ce gravier
descend, il est à l'extérieur obscur, passant pour la
plus grande partie au noir ou au cendré, comme le
gravier qu'on trouve aujourd'hui chez nous; mais
quand il a été éclairé des rayons du soleil, la nuance
apparaît; qu'elle soit rouge, jaune ou bleue, ou de
quelque autre couleur que ce puisse être, c'est une
de celles de l'yaqout. »

Aboulféda ni Édrisi ne parlent de l'île située au
delà de Ceylan, où serait le gisement des rubis.
Mais ils parlent de l'île de Sérandib, ou Ceylan,
comme fournissant des rubis, et de la montagne *Ar-
Rahoun* [1], sur laquelle Adam aurait posé le pied en
descendant du paradis; ce serait alors le *Pic d'Adam*
des géographes modernes. Ce pic serait situé sous
la ligne équinoxiale. Édrisi dit qu'on trouve au-dessus
et autour de cette montagne des pierres précieuses
et autres de toute espèce, et dans les vallées le diamant *au moyen duquel on grave* les chatons des bagues,
et des pierres de toute nature. Nous ne voyons
nulle part qu'il soit question de Golconde, qui a joui

---

[1] Les auteurs varient sur la manière d'écrire ce nom; ainsi Teifaschi lit الراهون avec un *élif* et Aboulféda الرهون sans *élif*. Édrisi
lit الرهوق qui est fautif. Il rapporte une tradition légendaire curieuse
sur l'empreinte du pied d'Adam. (Édrisi, trad. Jaubert, I, p. 71.)

pendant longtemps d'une si grande réputation pour la production des pierres précieuses.

A la suite de ces indications sérieuses, nous trouvons ce procédé fantastique employé pour se procurer des rubis et des diamants, qui est raconté dans les *Mille et une Nuits*, dans l'histoire de Sindbad. « La vallée, dit l'écrivain arabe, dans laquelle se trouvent les pierres précieuses, est inabordable, tant à cause de la disposition des roches que parce qu'elle est environnée d'épines et de broussailles, remplies d'animaux féroces et de serpents dont la morsure est très-dangereuse et le venin très-subtil. On a recours alors au procédé suivant : On prend des morceaux de viande saignante, qu'on jette au hasard dans le fond du vallon. Des rubis, des diamants et autres pierres précieuses viennent adhérer à ces morceaux de viande. Les aigles et autres gros oiseaux de proie du voisinage viennent fondre sur la pâture qui s'offre à eux ainsi spontanément et s'enlèvent dans les airs ; mais pendant le voyage aérien, il se détache des gemmes qu'on ramasse avec soin. » Nous voyons dans Teifaschi la description d'un autre procédé encore plus ridicule, que nous ne croyons pas devoir rapporter.

Édrisi dit que c'est dans l'île de Sérandib seulement qu'on trouve les hyacinthes (rubis) de diverses sortes et variétés. (Trad. Jaub. I, 102 ; texte, fol. 25 v°.) Plus loin, il est dit que la ville habitée par le roi des Khir-khirs خرخير est située dans le voisinage de la presqu'île des Hyacinthes, جزيرة الياقوت, qui est séparée

— 43 —

du continent par un isthme, et de toutes parts entou-
rée par une montagne ronde, d'un accès tellement
difficile, qu'on ne peut en atteindre le sommet
qu'avec des efforts inouïs. Quant au sol inférieur
de la presqu'île, il est impossible d'y parvenir; on
dit qu'il s'y trouve des serpents dont la piqûre est
mortelle, et quantité d'hyacinthes. Les habitants du
pays ont recours à la ruse pour se procurer les
pierres précieuses. (Trad. I, 500; texte, 118 r°.)

Le *Kenz al-Tadjar* dit « qu'il y a encore des mines
de rubis au village de Thar.....[1], situé au midi du
Caire, à deux heures de marche. Le gisement est au
levant de la montagne, à la base, à la naissance du
terrain plat » وايضا معدن الياقوت بقرية طرا..... وهى
قبلى مدينة مصر والقاهرة على مسافة ساعتين منها...
للراجل والمعدن شرقيهما فى طرن الوطاة ذيل الجبل
L'auteur cite ensuite un fait qui prouve que ce gisement de pierres précieuses était exploité vers l'an
669 de l'hég. (année commençant le 20 août 1270).
Nous ne voyons nulle part qu'il soit fait mention
de ce gisement des corindons.

On sait qu'on trouve les corindons orientaux dans
le sable des ruisseaux qui avoisinent les montagnes
formées de roches anciennes granitiques. Ces graviers, ces sables, proviennent de la décomposition
des roches élémentaires des montagnes. C'est dans
l'Inde surtout et dans l'île de Ceylan que se trouvent
ces précieux graviers. On en voit aussi dans le voisi-

---

[1] Le mot est illisible.

nage des terrains volcaniques; on cite aussi quelques
ruisseaux du Puy-en-Velay qui en contiennent. Les
corindons, comme les diamants, se trouvent associés à d'autres minéraux, zircons, spirielles, quartz,
fer titané, et en somme avec les divers minéraux
auxquels ces montagnes primitives servent de gisement; on doit aussi en trouver dans la roche elle-
même; c'est ainsi qu'on cite la dolomie du Saint-
Gothard, dans laquelle on rencontre des corindons
empâtés.

Le corindon n'est point exempt des défauts qui
sont signalés dans la plupart des pierres précieuses.
Teifaschi en signale deux principaux, le *poil* et le *ver* :

الشعر والسوس والشعر شبه تشقيق يـرى فيـه والـسوس

خرق توجد فى باطنه يعلوها شى من ترابيّة المعدن وربّما

وجد فى تلك الخروق دود جّ يتحرّك اذا خرجت الدودة

منها للهوآء ماتت « Le poil et le ver : le premier ressemble à une fissure qu'on voit dans la pierre. Le
ver est une fente qu'on observe dans l'intérieur du
corindon et que surmonte certaine portion de la terre
du gisement. Souvent on voit dans cette fente un
vermisseau vivant qui s'agite et qui meurt aussitôt
qu'il a été exposé à l'air. »

Quant aux couleurs, on regarde comme des défauts
l'altération dans l'éclat de la pierre et la pureté de la
nuance, soit qu'elle devienne foncée au point de passer au noir, ou qu'elle s'affaiblisse au point de passer
au blanc ou de devenir incolore. « Le bleu peut aussi

prendre une teinte cendrée; dans ce cas, il est appelé *senouri* (*felinus*), de même celui qui est nommé *oli-vâtre* (est altéré) » ومنه الذى يضرب الى لون الرماد ويسمّى
الـسـنـورى وكذلك الذى يسمّى الزيتى . L'irrégularité ou la défectuosité dans la forme constituent autant de défauts dans ces gemmes.

Le rubis est, après le diamant, la pierre la plus dure. « Il attaque toutes les autres pierres comme le fait ce dernier, sans qu'aucune d'elles puisse l'attaquer, à l'exception du diamant » من خـواصّ الياقوت فى نفسه انها يقطع كل الحجارة شبيهًا بقطع الماس وليس يقطعه غير الماس. Teifaschi nous enseigne ensuite comment on obtient ce résultat : وذلك ان تركّب منه قطعة فى طرف مثقب حديد ثم يثقب كما يثقب للخشب « On adapte un morceau de corindon à un foret en fer, puis on opère la perforation comme on le fait sur le bois. » « La lime, ni aucun instrument en fer, n'ont de prise sur les diverses espèces de corindons sans excep- tion » لا يفعل فيه المبارد والحديد ولا يلصق بشى من جسمه من جميع انواعه.

Teifaschi accorde au corindon plus de pesanteur qu'à toutes les autres gemmes sous un volume égal. ومن خواصّه الثقل فانه اثقل الاحجار المساوية لمقداره فى العظم « Parmi les propriétés du corindon, il y a la pesanteur; en effet, il est plus lourd que toutes les autres pierres d'une grosseur égale. » Tous les calculs auxquels nous nous sommes livrés avec

M. Rodet, à l'aide des tables des expériences hydrostatiques faites par Abourihan, nous ont donné pour le saphir, ياقوت اسماني [1], 3,97, et pour le rubis oriental, ياقوت سوخ, 3,85, quand les expériences modernes donnent 4,00 et 4,02. Le rubis balais, qui vient à la suite, est affecté du chiffre de 3,58 suiv. Abourihan ou 3,52 suiv. les modernes. (Voir le *tableau des densités*, à la fin.)

Le corindon supporte très-bien l'action du feu,

ومن خواصّه صبره على النار فانه لا يتكلّس كما لا يتكلّس

غيره من الحجارة المثمنة كالزمرد وغيره « Une de ses propriétés, c'est sa résistance au feu; car il ne se calcine pas plus que les autres pierres précieuses, telles que l'émeraude, etc. »

Le feu exerce une autre action sur la couleur, il la rend plus vive et plus limpide. وقد ذكر

ارسطوطاليس فى كتابه فى الحجار ان الياقوت الاحمر اذا نفخ عليه فى النار ازداد حسنًا وحمرة واذا كانت فيه نكتة شديدة الحمرة ونفخ عليه فى النار انبسطت فى الحجر فسقته من الحمرة وحسنته وان كان فيه نكتة سودآ نقص « Aristote raconte, dans son livre sur les pierres, que le rubis rouge gagne en beauté et en (vivacité de sa couleur) rouge, quand il a été dans le feu et qu'on a soufflé dessus [1]. S'il y a dans la pierre un point d'un rouge exagéré, l'insufflation dans le feu fait que *la couleur* rouge se répand *dans l'intérieur*, et que la

---

[1] Le manuscrit lit ainsi, au lieu de ماحبوڨ.

pierre sort plus belle. Si le point est noir, elle perd de sa beauté. »

Le feu devient un moyen empirique pour reconnaître si le rubis est vrai ou faux : وهو حجر يزداد حسنا وصفا عند النفخ فى النار واذا كان للحجر احمر فذهبت حمرته فليس بياقوت بل احد الاشباه وهو مصنوعة ومدلسة « Cette pierre acquiert donc de l'éclat et du brillant par l'insufflation dans le feu[1], et si l'on expose au feu (litt. on chauffe) une pierre rouge et qu'elle perde sa couleur rouge, ce n'est point un rubis, mais une pierre similaire, soit artificielle, soit fausse. »

Suivant notre auteur, le rubis rouge seulement gagnerait en beauté par l'action du feu ; les autres, au contraire, seraient décolorés. وامّا اصباغ الياقوت فانّما يثبت منها على النار للحمرة فقط وامّا غيرها من ساير الوانه كالصفرة والاسماجونى والاسود فانّها تنسلخ كلّها بالنار وتبقى حجرًا ابيض او تتكلّس وتتفتّت ان افرطت عليه النار واصفره ابعدها نسلخًا والاسود اقل تسباتًا على النار « Parmi ces teintes du corindon, celle qui est rouge seulement résiste au feu ; car toutes les autres, comme le jaune, le bleu et le noir, sont ab-

---

[1] نفخ فى النار (litt. l'action de souffler dans le feu) ; doit-on entendre par là souffler le feu pour l'activer, ou faire arriver un courant d'air sur la pierre soumise à l'épreuve?

sorbées en entier par le feu, de sorte qu'il ne reste
plus qu'une gemme incolore (litt. blanche), et qui
même se calcine et se perd si le feu a été poussé à
l'excès. Le jaune est ce qui résiste le mieux, tandis
que le noir est ce qui tient le moins au feu. »

Le *Kenz al-Tadjar* (fol. 3 o v°) nous donne la description de la manière d'employer le feu à Ceylan. فيعالج
بالنار سرنديب وما قرب منها بان ياخذوا حصّا من حصباء
تلك الارض فيسحق ويجبل بالماء حتى يلزم بعضه بعضًا
ثم يطلى على حجر العشيم حتى لا يكاد يبين منه شيئًا
ويغيب فيه ثم يوضع على حجر ويجعل حوله حجارة ويلقى
عليه الحطب الجزل وينفخ عليه ويبدمن النفخ والقاء الحطب
ابدًا حتى ينظر الى السواد الذى فيه قد ذهب ولم فيه
مقدار من الوقيد والقاء الحطب على مقدار السواد يعرفونه
بالدربة واقلّ تدبيرهم بمعالجة النار ساعة واحدة
زمانية واكثر عشرون يومًا بلياليها ثم يخرجوه عند
تعاهدهم اياه وقد ذهب سواده وصار الى لون من الالوان
كانيا ما كان وغير السواد لم يعيدوه الى النار لان بعد
خروجه من علاجه من النار اولًا لا يزيد لونه ولا
ينقص «A Sérandib (Ceylan) et dans les alentours,
on traite le rubis par le feu de cette manière : on
prend du gravier du sol, on le triture avec de l'eau
et on le comprime jusqu'à ce que le tout forme
masse ; on la consolide sur une pierre sèche par la

pression, de façon qu'on ne distingue point les parties. On dispose le tout sur une pierre, on range à l'entour d'autres pierres, on jette dessus du bois à brûler, sec; on souffle sans cesser de rapporter du bois, ni de souffler, jusqu'à ce qu'on voie que la nuance noire a disparu. Pour régler le feu et la quantité de bois à donner, c'est en raison (de l'intensité) de la teinte noire et des connaissances acquises par l'expérience. Le moins de temps qu'on emploie dans cette opération, c'est une heure, et le plus, c'est vingt jours et autant de nuits. Alors on retire la gemme en y mettant tout le soin possible. La nuance noire a disparu et le rubis a une couleur naturelle. Une fois éclairci par le feu, le rubis n'y est pas exposé une seconde fois, parce qu'à la suite d'une première épreuve, la pierre ne peut plus rien gagner ni perdre pour l'éclat. »

Tel est le procédé usité à Ceylan, d'après notre manuscrit arabe. La rédaction laisse bien quelque chose à désirer au point de vue de la clarté; c'est en général un défaut assez commun aux écrivains arabes; néanmoins on voit très-bien l'ensemble de l'opération, l'intelligence peut suppléer aux détails.

Aujourd'hui encore existe l'usage de l'application du feu au corindon, et aujourd'hui, comme du temps des Arabes, l'action du feu est différente, suivant la couleur de la pierre. Quand les saphirs ou corindons [1] sont trop chargés en couleur, on les fait quel-

[1] Nous avons vu que Brard, dans sa Minéralogie appliquée, avait employé le mot *saphir,* au lieu de *corindon.* (Voyez, pour ce passage, t. III, p. 206.)

quefois chauffer pour en diminuer l'intensité et en augmenter l'éclat. Mais tandis que le rubis rouge gagne en vivacité, le bleu du saphir disparaît, comme déjà Teifaschi l'avait signalé. (Cf. *Guide pratique du joaillier*, par Charles Barbot, p. 510.)

Teifaschi nous parle aussi de la taille du corindon en ces termes : ومن حواصّه انه لا ينحكّ على خشب العشر الذى يجلى عليه كلّ شى الّا الياقوت فانه لا ينحكّ على شى الّا على صفيحة نحاس وكسر الجزع اليمانى ويحرق حتّى يصير كالنورة ثم يسحق بالماء حتى يصير كانه الغرآء ثم يحكّ به على وجه صفيحة نحاس حجر الياقوت فينجلى حتّى يصير اشدّ للجواهر صفآءً « Une des particularités du corindon, c'est que, pour le polir, on ne le frotte pas sur le bois de l'ouschar (l'*asclepias gigantea*) qu'on emploie pour donner de l'éclat à toute chose, excepté pour le corindon. En effet, on le frotte seulement sur une planche de cuivre et des fragments d'onyx de l'Yémen. On expose cet onyx au feu jusqu'à ce qu'il soit comme calciné. Ensuite on le pulvérise (en le mêlant) avec de l'eau jusqu'à ce qu'on l'ait amené à l'état d'une gelée. Puis on s'en sert pour frotter le corindon sur la table de cuivre [1], ce qui donne au corindon du poli, et l'on continue jusqu'à ce que la pierre ait acquis l'éclat le plus vif. »

[1] Voir au chapitre de l'*Améthyste*, جمشت, ce que nous disons à l'occasion du poli de cette pierre sur une *table* de plomb, table qui est peut-être une roue plate de l'épaisseur d'une feuille de métal.

De nos jours, on taille le corindon sur des *plates-
formes* ou roues en cuivre, avec de l'émeri, qui est
le corindon granulaire, comme nous le verrons en
son lieu. Brard dit que quelques lapidaires taillent
les saphirs sur des roues de plomb, imbibées d'émeri
et d'eau, mais que la *roue en cuivre* avec l'égrisée est
préférable. (Cf. Brard, *Min. appl. aux arts*, et Ch.
Barbot, *Guide du joail.* p. 152.) Ici encore, comme
chez les Orientaux, la roue de cuivre est déclarée
préférable à toute autre, mais il n'est pas dit un mot
de l'onyx calciné.

Doit-on entendre que ces صفيحة, litt. *planches*,
sont des plates-formes ou roues tournant horizonta-
lement comme de nos jours? Nous n'oserions l'affir-
mer ; pourtant c'est probable. (Voir p. 314, n. 1.)

Le corindon, à cause de sa dureté, était-il susceptible d'être gravé? Nous pourrions répondre affir-
mativement en nous appuyant sur le *Kenz al-Tadjar*,
qui, traitant des vertus talismaniques du corindon,
parle de figures gravées sur le corindon rouge et
sur le jaune. Brard pense que les anciens n'ont jamais gravé sur le corindon ou saphir. Les modernes
l'ont essayé rarement, car on ne cite qu'un portrait
de Henri IV gravé sur saphir rouge. La gravure sur
rubis oriental réussit mal, à cause de la dureté de
cette pierre. Sur le saphir elle est encore plus difficile,
parce qu'il est plus cassant et plus dur. Ch. Barbot,
dans son *Guide pratique du joaillier*, cite plusieurs sa-

H y est parlé aussi de l'installation de l'appareil dont il n'est rien
dit ici. (Voir un correctif par suite de nouveaux documents.)

phirs gravés qui se trouvent dans divers cabinets, tant en France qu'en Italie et à Saint-Pétersbourg. La gravure se fait avec des pointes de diamant ou de l'égrisée.

Brard (*ibid.* 208) fait remarquer qu'il se trouve dans le commerce beaucoup de tourmalines rouges venant de la Sibérie, qui sont vendues pour des saphirs rouges (rubis oriental), ce qui a pu être cause d'erreurs.

Quels noms les pierres de ce groupe portaient-elles chez les Grecs et les Latins? Comme chez ces peuples la couleur était surtout le caractère distinctif, on comprend que toutes les gemmes de la même nuance ont été groupées ensemble, sans aucun raisonnement logique où il fût tenu compte de la composition élémentaire. Ici donc nous serons parfois brusquement porté du corindon au rubis balais et au grenat.

Le nom qui rappelle surtout le corindon ou rubis rouge est le *carbunculus* de Pline, d'où vient notre mot *escarboucle*[1]. Sous ce titre, le naturaliste latin a réuni (l. XXXVII, ch. xxv) plusieurs pierres de couleurs pareilles, mais de nature différente.

---

[1] *Carbunculus*, litt. petit charbon. Ce nom a été donné à cette famille à cause de l'éclat vif de sa couleur rouge. Ἄνθραξ, dans Théophraste, a la même signification et la même application. On a attribué à l'escarboucle une origine toute fabuleuse. Ainsi on a prétendu qu'on la trouvait dans la tête d'un *dragon* ou d'un *griffon*. On a même dit qu'un grand serpent la portait dans sa gueule, d'où elle ne sortait que quand le reptile voulait boire. (Voir Chardin, *Voyage en Perse*, t. IV, p. 70, édit. Amsterd.)

Les genres primitifs sont les escarboucles de l'Inde et du pays des Garamantes[1] qu'on appelle aussi escarboucles carthaginoises, *carchedonii*. Viennent ensuite les *éthiopiques* et les *alabandiques*[2]. Dans chaque espèce il y avait mâle et femelle; le mâle brillait d'un éclat bien plus vif que la femelle. Selon Satyrus, les escarboucles de l'Inde n'ont point d'éclat, elles sont ternes et opaques. *Satyrus indicos non esse claros dicit et plerumque sordidos, semper fulgoris horridi.*

L'escarboucle d'Éthiopie est mate, elle ne jette point d'éclat et son feu paraît se concentrer en elle-même. *Æthiopicos pingues, lucem non emittentes, aut fundentes, sed convoluto igne flagrare.*

Les escarboucles de l'Inde, qui ont un éclat plus doux et plus livide, sont appelées *lithizontes. Qui languidius ac lividius ex indicis lucent, lithizontes dicunt.*

Les plus estimées sont les *améthyzontes*, qui ont le reflet violet de l'améthyste. Viennent ensuite les *sitites*, qui jettent un éclat qui leur est propre. *Optimos vero amethyzontas, hoc est, quorum extremus igniculus in amethysti violam exeat*[3], *proximos illis quos vocant sititas, innato fulgore radiantes.*

---

[1] Garamantes, nom d'une nation africaine, dont parle Hérodote comme étant une population timide et fuyant le commerce des autres hommes (*Melpom.* 318 et 319). Pline les mentionne aussi très-sommairement (V, viii).

[2] Alabanda, ville de la Carie, située près du Méandre, dans l'Asie mineure. La population des *Alabandenses*, Ἀλαβάνδοι, est citée par Hérodote, *Polymnie,* p. 511, et la ville, *ibid.* p. 518.

[3] Ce dernier membre de phrase semble être une traduction libre

Il est difficile de ne pas voir ici le mélange des genres corindon, rubis balais et grenat. Les indications caractéristiques sont si fugitives qu'on est réduit à des conjectures. Les escarboucles d'un éclat vif et brillant peuvent rappeler les rubis d'une belle eau, comme celles d'une nuance plus obscure peuvent rappeler le corindon de la Chine. Mais aussi tout cela peut très-bien s'appliquer au grenat, dont les nuances sont si variées[1].

*Le sitites*, qui brille d'un éclat qui lui est inné, peut très-bien se retrouver dans le *rubis balais* à nuance vive.

Le *carbunculus carchedonius*[2] rappelle par son nom spécifique le *kerkend* cité par Aristote dans le chapitre de l'yaqout. الكركند يشبه الياقوت الاحمر ولا صبر له على النار. « Le kerkend ressemble à l'yaqout rouge, mais il ne soutient pas comme lui l'action du feu. »

---

de cette définition du *bedjedi* arabe (grenat) انه أحمر تعلوه بنفجية كثير الماء.

[1] Hill voit le vrai grenat, *granatus verus* de l'ancienne minéralogie, dans le *carbunculus garamanticus*. (Trad. du *Livre des pierres*, p. 64, not.)

Le *lychnis* de Pline, c. XXIX, qui brille comme la flamme d'une lampe allumée, pourrait bien, à cause des nuances indiquées, être pris pour le rubis balais (spinelle), *carbunculus remissior;* mais il faut faire abstraction de ces propriétés attractives que lui attribue le naturaliste latin, qui ne se trouvent dans aucune espèce de genre.

[2] Il faut bien prendre garde de confondre ce *carchedonius*, qui ici est spécifique, avec le *carchedonius* qui fait l'objet du chap. XXX, qui s'applique exclusivement à la *calcédoine*, que nous verrons plus loin.

Cette gemme serait le *rubis tendre* dont parle Chardin (t. IV, p. 70), le spinelle ou rubis balais.

Aristote cite ensuite une autre pierre, le *kerkhan*, qui ressemble à l'yaqout ولا الكركهن ايضًا الياقوت ويشبه « Le kerkhan ressemble ايضا الياقوت جنس من هذا aussi à l'yaqout sans appartenir à ce genre. » Ce nom, qui est cité par Ludolf (*Hist. Æthiop.*), qui écrit كيركهن, est traduit par lui par *Amethystes;* Castel donne la même interprétation. Il se rattacherait au copte *ame-thesan*, qui rappelle l'*amethysonta* de Pline. Cette pierre, dont le reflet superficiel est le violet de l'amé-thyste, ressemble au spinelle qui passe au rouge violet et mieux encore au grenat syrien. C'est aussi l'opinion de l'annotateur de Pline (édit. Panck.).

Les *lithizontas*, avec leur éclat plus doux et qui viennent de l'Inde, nous paraissent certainement être les spinelles rouge-ponceau ou roses.

Ces *carchedonii* mâles, dans l'intérieur desquels brille une étoile, sont, sans contredit, des *astéries*.

L'escarboucle alabandique, *carbunculus alabandi-cus*, ou *alabandine*, est considérée par l'annotateur de Pline comme étant le *grenat almandin;* mais Brard veut que ce soit un *spinelle*. Boetius de Boot range l'almandine, autrefois appelée *alabandique*, entre le grenat et le rubis, c'est-à-dire qu'il en fait une classe à part (lib. II, c. xxvii).

Pline parle encore de diverses variétés d'escar-boucles assez mal déterminées et qui laissent trop de vague dans l'esprit; nous ne nous en occuperons point, nous signalerons seulement cette pierre noire d'Orchomène en Arcadie et de l'île de Chio de laquelle on faisait des miroirs. Il est difficile d'y voir autre chose que le *jayet*, qui seul parmi les pierres noires se prête à ce travail.

Un mot sur l'*anthracite* (XXXVII, xxvii). Ce nom est pris dans deux acceptions bien différentes; dans la première, il s'applique à un combustible, et c'est dans ce sens que les minéralogistes modernes l'emploient aujourd'hui. Dans l'autre, il s'applique à une pierre de couleur brillante comme la flamme, ce qui rappelle le spinelle, rubis rouge. Ainsi, dans la première acception, ce mot *anthracite* signifie matière charbonneuse combustible, et dans l'autre, une substance qui a l'aspect d'un charbon enflammé; c'est dans ce sens que sont pris le mot ἄνθραξ dans Théophraste et le mot *carbunculus* dans Pline, comme on l'a vu.

Ἄνθραξ, chez les Grecs, comme le mot *carbunculus* chez les Latins, s'appliquait à toute espèce de pierre de couleur d'un rouge vif et ardent. Si l'escarboucle dans Pline laisse beaucoup à désirer pour la détermination, ses caractères distinctifs présentent encore plus de vague dans Théophraste. Suivant ce dernier, l'escarboucle est « une pierre incombustible sur laquelle on grave des cachets; sa couleur est rouge et telle qu'étant exposée au soleil, elle ressemble à un charbon ardent. Cette pierre est fort chère; on l'apporte de Carthage et de Marseille [1]. »

[1] Il est curieux de voir Marseille citée par un auteur grec. Théo-

Ἄκαυστον.ὅλως, ἄνθραξ καλούμενος, ἔξ οὗ δὲ τὰ σφραγί-
δια γλύφουσιν, ἐρυθρὸν μὲν τῷ χρώματι, πρὸς δὲ τὸν
ἥλιον τιθέμενον, ἄνθρακος καιομένου ποιεῖ χρόαν. Τι-
μιώτατον δὲ ὡς εἰπεῖν........ ἄγεται δ'οὗτος ἐκ Καρ-
χήδονος καὶ Μασσαλίας. (*De Lapid.* I, 690, 18.)
Nous croyons tout d'abord voir ici le rubis tendre
ou spinelle, qui se prête très-bien à la taille et à la
gravure; sa nuance d'un rouge vif et ardent se prête
très-bien aussi à cette interprétation. Nous arrivons
aussi naturellement à la classe des *carchedonii* de
Pline.

A la suite de l'*anthrax*, Théophraste cite la *pierre
de Milet* qui est hexagonale et incombustible. Οὐ
καίεται δ' ὁ περὶ Μίλητον γωνιειδὴς ὤν, ἐν ᾧπερ καὶ
τὰ ἑξάγωνα· καλοῦσι δὲ ἄνθρακα καὶ τοῦτον. « La pierre
anguleuse qui se trouve près de Milet ne brûle pas,
elle est hexagonale, on l'appelle aussi escarboucle. »
Cette forme cristallographique hexaèdre a fait que
Brard a considéré cette pierre de Milet comme étant
l'alabandine; mais rien ne vient justifier cette assertion. (*Min. appl. aux arts*, III, 214.) Boetius de Boot
admet aussi cette opinion, se fondant sur ce que
Milet étant comme Alabanda une ville de la Carie,
Pline mentionnant l'une et Théophraste mentionn-
nant l'autre, elles auront pu être confondues et
prises l'une pour l'autre. Hill rapporte cette opinion

phraste, qui vivait vers la fin du ɪᴠᵉ siècle avant l'ère chrétienne
(322), cite Marseille comme étant une des principales villes où se
faisait le commerce des pierres précieuses.

sans dire qu'il la partage. (Trad. du *Traité des pierres*, p. 63, note.)

L'hyacinthe, *hyacinthus*, ὑάκινθος. La définition que Pline donne de cette pierre la rapproche des améthystes, dont elle ne diffère que par l'affaiblissement de la nuance violette. (Pline, XXXVII, xLI). *Ille emicans in amethysto fulgore violaceus dilutus est in hyacintho.* Mais cette couleur, qui serait aussi celle de la fleur qui porte le nom d'hyacinthe, serait fugitive et passagère. Théophraste ne parle point de l'hyacinthe, ὑάκινθος, dans son Livre des pierres.

L'hyacinthe de Pline n'a donc aucune analogie avec l'hyacinthe des modernes, car celle-ci est un *zircon* dans lequel la couleur dominante est le rouge ponceau ou orange[1]. Quand la couleur est d'une teinte décidément *rouge, cette gemme prend dans le commerce le surnom de hyacinthe la belle.* (Brard, III, 231.) Boetius de Boot (*De lap. gem.* II, 30) admet quatre espèces d'hyacinthe classées d'après leur couleur. 1° *Primo genere qui ignis instar rutilant, ac cocci colorem referunt minii nativi, aut sanguinis admodum biliosi instar.* Il rattache à cette espèce l'hyacinthe la belle, qui serait ὑάκινθος ὑποπορφυρίζων de saint Épiphane. 2° *Secundo genere continentur qui rubedine croci flavescunt.* 3° *Tertio genere continentur qui succini flavi colorem exacte ostendunt.* Cette espèce, ajoute

---

[1] Si en tête de cet article nous avons placé le mot *hyacinthe*, c'est seulement pour rappeler l'analogie qui existe entre le mot français et le mot arabe.

Boetius, n'est point appréciée, et les corps étrangers lui font perdre toute sa diaphanéité. 4° *Quarto genere nihil prorsus rubedinis in se habent, albi et pellucidi.* Un autre minéralogiste rattache à l'hyacinthe une pierre dans laquelle se trouvent fondus le fauve et le bleu, *quod fulvum et cæruleum commixtum habent.* On voit que nous sommes loin de l'*hyacinthus* de Pline; mais nous serions porté à penser que les Grecs avaient sur l'hyacinthe une autre manière de voir que les Latins, et surtout Pline. Nous ne voyons point, comme nous l'avons dit, que Théophraste en ait parlé; mais ce qu'on lit dans saint Épiphane peut nous guider. Les Grecs auraient donné le nom d'hyacinthe aux gemmes, dont la couleur rouge vif en était le principal caractère distinctif. Les Arabes ont appliqué ce nom au rubis rouge, puis à toutes les gemmes nobles de l'Orient dans lesquelles ils ont compris toutes celles qui ne se laissaient pas attaquer par les autres, mais qui, au contraire, avaient prise sur elles; c'est de là que le mot arabe ياقوت est devenu synonyme de *corindon.* La classification de Boetius de Boot aurait quelque analogie avec celle des Arabes.

Si nous nous sommes un peu étendu sur le chapitre de l'hyacinthe, c'était pour établir la cause de l'application de ce nom aux corindons.

Le saphir, *saphirus*, σάπφειρος, pour Pline comme pour Théophraste, est une pierre bleue ponctuée d'or ou de taches pourpres, suivant Pline, qui ajoute que le saphir bleu est le mâle; des accidents de cristallisation le rendent impropre à la gravure[1]. Il est difficile de ne pas voir ici un minéral qui se rapporte à la lazulite, mais non la lazulite pure qui donne le bleu d'outre-mer et qui est décrite sous le nom de *cyanos*, dans le chapitre XXXVIII, et dans Théophraste sous celui de *κύανος*. C'est l'opinion de Hill, p. 81, contre Boetius de Boot, qui décide sans hésitation que le *saphirus* de Pline est le lapis-lazuli. Quoi qu'il en soit, ce saphir n'a rien de commun avec le corindon bleu, si ce n'est la nuance.

La topaze, *topazius*, *τοπάζιος*. Ce nom s'applique à trois substances minérales de nature fort différente, suivant l'époque et le temps. Nous avons vu déjà la topaze orientale ou corindon, qui est caractérisée par sa couleur jaune. Vient ensuite la topaze généralement connue aujourd'hui sous le nom de *topaze du Brésil*, à cause de la quantité de ces gemmes qu'il fournit; suivant la chimie minéralogique, la topaze est l'*alumine fluo-silicatée*. La couleur de la topaze est généralement le jaune; cependant Brard cite une espèce couleur bleu d'aigue-marine.

Chez les anciens, la topaze prend une autre physionomie; suivant saint Épiphane, cette pierre était rouge d'un éclat plus vif que celui de l'escarboucle. Orphée lui attribue une couleur verdâtre, *ύαλοειδέες*.

---

[1] *In sapphiris enim aurum punctis collucet cæruleis. Sapphirorum, quæ cum purpura, optimæ apud Medos nusquam tamen perlucidæ. Præterea inutiles sculpturæ, intervenientibus crystallinis centris. Quæ sunt ex eis cyanei coloris mares existimantur.* (Plin. XXXVII, xxxix.) *Ἡ Σάπφειρος, αὕτη δ'ἐστὶν ὥσπερ χρυσόπαστος.* (Théoph. *De Lapid.* text. p. 692. Édit. Schneid. add. p. 695, n° 37.) Nous y reviendrons plus loin.

Pline vante le beau vert de la topaze. Ces différentes espèces demandent à être étudiées séparément, ce que nous allons faire aussi succinctement que possible.

Pline admet deux espèces ou variétés de topaze, la *prasélite* et la *chrysoptère*, qui ressemble à la *chrysoprase* par sa couleur qui est celle du suc de poireau. Ainsi, la topaze de Pline, dans ses espèces, est une pierre verte que nous voyons habituellement comparer à la *chrysolithe*. Les minéralogistes ont beaucoup varié dans la détermination de cette substance. La même incertitude règne parmi les joailliers. Généralement cependant on comprend sous ce nom une pierre d'une couleur *jaune verdâtre*, rapportée à la *cymophane*, au *péridot*, à l'*apalite* ou *phosphorite*, ou encore à la *préhnite*. M. Barbot semble en faire une espèce particulière (118).

Notre chrysolithe n'a aucun rapport avec celle de Pline, qui, par sa couleur jaune d'or, serait un véritable *béryl*, tandis que sa topaze serait la chrysolithe moderne; telle est l'opinion de l'annotateur de Pline (p. 472).

Ne pourrions-nous pas penser aussi que nous tombons dans une pierre se rattachant au genre béryl? En effet, cette île de *Cytis*, aussi bien que celle de *Topazon*, citées par Pline, s'appliquent très-bien et même ne peuvent guère s'appliquer qu'au *Djezireh zeberdjed* ou île des émeraudes dont parle Bruce et qui fournissait *beaucoup de morceaux d'une substance verte cristalline et transparente*. Or, on sait que cette île est signalée particulièrement comme étant le gisement des *aigues-marines*.

La *prazoïde*, une des espèces du genre topaze, est donc une pierre verte probablement du genre béryl ou aigue-marine. Le *chrysopteros* serait l'analogue du *chrysoprasius*; or, en parlant du *prasius* (ch. xxxiv), Pline nous apprend que la chrysoprase a bien la couleur du suc du poireau, mais qu'elle s'écarte de la topaze pour prendre la nuance de l'or. C'est cette couleur qui a porté les commentateurs, et généralement tous ceux qui ont étudié la question, à voir la chrysolithe dans la topaze de Pline. Comme, dans le chapitre où il traite de la chrysolithe, Pline la présente comme brillant d'un éclat doré, *aureo fulgore*, son annotateur voit dans chaque espèce une transposition de nom, et la topaze du naturaliste latin serait la chrysolithe des modernes, quand sa chrysolithe serait leur topaze (p. 472)[1].

---

[1] Suivant Pline, le nom de l'île Topaze dériverait du mot grec τοπάζειν, formé de la fusion de ces deux mots τόπον, lieu, *locum*, ζήτειν, chercher, *quærere*. D'autres cherchent cette étymologie dans le mot hébreu אוֹפָז qu'on lit dans Daniel (x, 5), précédé de כֶּתֶם, qui se traduisent de deux manières fort différentes; ainsi, pendant que les uns traduisent כֶּתֶם אוֹפָז or pur, les autres, par une permutation dont ils citent des exemples, traduisent or d'ophir. Cette interprétation est celle qu'admet Gesenius, tandis que Cahen, dans sa traduction de la Bible, admet la première version, et alors, au lieu de *topazon*, il faudrait lire *opazon*. Voir, au surplus, *De Gemmis Plinii, imprimis de Topazio*, de E. F. Glöcker. Breslau, 1824. — Le même savant, après avoir cité les différentes pierres vertes proposées par les minéralogistes, le jaspe vert, la calaïte, la malachite et l'émeraude, déclare la question insoluble.

Orphée, dans son poëme sur *les Pierres*, parlant des propriétés empiriques de la topaze, dit qu'elle est d'une couleur *vitreuse*, ὑαλοειδέες. Cette couleur, qui revient plusieurs fois chez les anciens et chez les Arabes, était une nuance intermédiaire entre le bleu et le vert, *albido cæruleum*, exprimée aussi chez les Romains par les mots *hyalinus* et *vitreus*, et encore *hydatinum* et *thalassium*, ce qui nous amène à la couleur verdâtre d'une aigue-marine ou d'un béryl en se rapprochant toutefois de la définition de Pline[1].

Quant à ces topazes d'une dimension telle qu'on en pouvait tirer des statues de quatre coudées, elles ne peuvent être entendues que de pierres verdâtres n'ayant avec la pierre précieuse aucun autre rapport que la nuance verte. Les commentateurs et traducteurs voient généralement la topaze dans le nom

---

[1] On lit dans Saumaise, *Exercit. Plin.* 1158 : *Vitreus color quem veteres grammatici pellucidum et cæruleum esse definiunt.* Mais cette couleur est définie d'une manière bien nette dans ces vers de Virgile (*Georg.* IV, 334) :

> Milesia vellera Nymphæ
> Carpebant, hyali saturo fucata colore,

que Delille a traduits :

> «Filaient d'un doigt léger les laines verdoyantes;»

et dans ceux d'Ausone, sur le Rhin :

> Cæruleos nunc, Rhene, sinus hyaloque virentem
> Pande peplum,
>
> (*Eydillia*, 10, *Mosella*, 844.)

la définition en est plus précise encore. Le commentateur de Virgile dit : *Hyali colore. Vitreo inter cæruleum et viridem medio : ab* ὕαλος, *vitrum.*

hébreu פִּטְדָה. (Gesen. *Lexic. hebr. et chald.* Rosen-müller, *Bibl. Naturgesch.* 1<sup>re</sup> part.)

## CHAPITRE III.

### L'ÉMERAUDE, زمروذ.

L'émeraude dont il est question ici ne doit pas être confondue avec l'*émeraude orientale*, qui est le *corindon vert*, un silicate d'alumine, espèce très-rare comme nous l'avons vu, ni même avec l'émeraude du Brésil, qui est une *tourmaline*. L'émeraude qui nous occupe est rangée dans la famille *glucium*, aussi est-elle appelée par les minéralogistes *glucine alumino-silicatée*. Ils n'en font qu'une seule espèce avec le *béryl*, dont elle prend le nom comme générique suivant MM. Girardin et Lecoq, qui, dans leurs *Éléments de minéralogie*, font de l'émeraude proprement dite une sous-espèce du béryl sous le nom de *béryl-émeraude* ou *smaragdite*. M. Delafosse réunit aussi l'émeraude et le béryl en une seule espèce sous le nom d'*émeraude*, mais il établit deux sous-espèces, l'*émeraude* proprement dite, qui est caractérisée par la belle couleur verte qui n'appartient qu'à elle seule; le *béryl*, qui comprendrait toutes les gemmes dont le vert n'est pas pur, par exemple vert bleu ou jaunâtre.

Chez les Arabes aussi on trouve que le زمروذ et le زبرجد avaient été confondus. En effet le ms. 879 suppl. ar. dit : والزمروذ ايضا يسمّى الزبرجد ; mais le

ms. 970 a. f. dit au contraire : قال الفارابى فى كتابه
فى اللغة ان الزبرجد تعريبه الزمرد وليس كذلك بل
الزبرجد نوع اخر من الحجارة الشفافة « Alfarabi dit,
dans son livre sur le langage, que *zeberdjed* est la
traduction arabe de *zoumroud*, mais il n'en est pas
ainsi; au contraire, le zeberdjed est une espèce différente de pierre brillante. » Aristote dit très-positi-
vement aussi dans son *Livre sur les pierres* : الزبرجد
والزمرود وهما حجران يقع عليهما اسمان وها فى الجنس شى
واحد « Le zeberdjed et l'émeraude sont deux
pierres qui portent deux noms différents, mais qui
ne forment qu'un seul genre. »

Kazwini ne distingue point entre l'émeraude et le
zeberdjed : زمرود يقال له ايضا زبرجد.

Toutefois, si les caractères spécifiques sont les
mêmes dans les deux sous-espèces, il se rencontre
quelques caractères de détail qui établissent entre
elles assez de différence pour en maintenir la séparation. La sous-espèce *émeraude* serait donc réduite à
une seule, c'est-à-dire celle qui est de couleur vert-
mouche. Les autres nuances devraient être renvoyées
avec le béryl ou le zeberdjed [1].

---

[1] Souvent aussi des variétés de *tourmaline*, qui sont fort abon-
dantes à Ceylan, ont été attribuées à l'émeraude ou au béryl et au
*jargon de Ceylan*, et même au *zircon précieux*. Nous y reviendrons
ultérieurement. Nous pensons que lorsque, dans un texte, on trouve
زمرود seul sans indication spécifique, il faut traduire par *émeraude*,
et زبرجد par *béryl*.

D'après Teifaschi on compterait quatre couleurs principales pour l'émeraude :

1° زمروذ ذبابى, — « émeraude vert-mouche, » parce qu'elle ressemble à la nuance verte (métallique) qui colore les gros scarabées (litt. mouches) qu'on trouve au printemps sur les roses cultivées dans les jardins. » لان يشبّه لونه بالخضرة التى تكون فى الكبر الذباب الربيعى الموجود فى بساتين فى الورد. Ce serait l'*émeraude verte* de Brard, l'*émeraude noble* des lapidaires, le *béryl-émeraude* ou smaragdite de Girardin et Lecocq, la véritable émeraude de M. Delafosse.

2° الريحانى == مفتوح اللون كلون ورق الريحان. Le ms. 879 lit : الشبيه بورق الآس الرطب. « Le *rihâni*, de nuance *vert foncé*, de la couleur de la feuille de myrte vert (non sec). »

3° السلقى == كلون ورق السلقى الطرى « Le *silqi*, dont la couleur est comme celle de la feuille de bette fraîche. »

4° الصابونى == كلون الصابون « Qui a la couleur du savon. » — « Cette espèce est sans valeur. La nuance qui tire sur le blanc avec une teinte sombre est la plus belle; on l'appelle *l'arabe;* on la trouve en Arabie, dans l'Hedjaz, dans la partie meuble du sol. » ولا قيمة له يعتنى بها واحسن اصنافه الذى يضرب الى البياض مع كمدة وسمّى العرب وهو يوجد فى تربة العرب فى ارض الحجاز.

On doit nécessairement, d'après ce qui précède, chercher ces trois espèces dans le béryl. Dans la première, le *rihani*, avec sa couleur verte qui n'est point trop foncée, nous pourrions voir l'aigue-marine verte. La seconde, le *silqi*, d'un vert tendre comme apparaît la feuille de la bette, ce pourrait être l'émeraude vert pâle ou l'aigue-marine des lapidaires. (Brard, III, 222.)

Quant au *çâbouni*, couleur de savon passant au blanc avec une teinte sombre, il nous est difficile de le reconnaître. Niebuhr ne cite pas d'autre pierre précieuse en Arabie que la cornaline, عقيق يمني, disant qu'on n'y trouve pas d'émeraudes, que néanmoins on voit la montagne des émeraudes sur la côte d'Égypte, qui alors serait en dehors des limites de l'Arabie.

Nous passons maintenant au béryl et, à cause de la connexité qui existe entre les deux articles, c'est à la fin du dernier que nous rapporterons nos observations sur les deux genres.

## CHAPITRE IV.

### LE BÉRYL [1], زبرجد.

Nous avons vu dans l'article qui précède la grande affinité signalée entre cette gemme et l'émeraude, tant chez les Orientaux que chez les minéralogistes modernes. Si les deux noms ont été pris quelque-

---

[1] Les minéralogistes et les naturalistes paraissent peu d'accord sur l'orthographe de ce mot. On le trouve écrit tantôt avec *y* et tantôt seulement avec *i*. Nous préférons écrire *béryl* à cause du mot latin *beryllus*, écrit avec *y*, dont il est dérivé.

fois l'un pour l'autre, il y a néanmoins une différence signalée par Teifaschi dans les propriétés :

ليس فى الزبرجد شى من خواصّ الزمرد ولا منافعه ولا فيه

خاصّية اخرى سوى حسن مستشف وجمالها « Le béryl
n'a rien des propriétés de l'émeraude, ni son utilité
(médicale). La seule qualité qu'il possède, c'est sa
beauté, son éclat et son brillant. » Ainsi le béryl
serait d'un degré inférieur à l'émeraude; c'est aussi
ce que Pline « paraît penser, car tout en les rapprochant, il dit que la nature des deux est analogue,
mais non identique, suivant plusieurs (Plin. XXXVII,
xx), » et dans le chapitre xxi il dit, en parlant des
opales, qu'il y a entre elles et les béryls une grande
différence, mais qu'elles sont au-dessous des émeraudes. *Plurimum ab iis differunt opali, smaragdis ce-*
*dentes.*

Teifaschi indique trois espèces de béryls [1] :

1° أخضر مفتوح اللون « vert d'une couleur peu
foncée (litt. ouverte). »

2° أخضر مغلوق اللون « vert d'une couleur très-
foncée (litt. fermée). »

3° أخضر معتدل لخضرة حسن المائية رفيق المستشف ينفذه البصر « vert d'une nuance tempérée, d'une
belle eau, clair et diaphane; la vue le traverse faci-
lement. »

Nous avons ici l'indication de trois nuances bien

---

[1] Reineri a traduit زبرجد par *topazio* parce que sans doute il a
pris le mot *topaze* dans le sens où le prend Pline en l'appliquant à
une pierre verte.

définies, toutes trois partant d'un fond vert tandis qu'aucune d'elles ne fait présumer un passage au bleu ou bien au jaune. Mais en rapprochant les couleurs indiquées au chapitre de l'émeraude, nous pourrons peut-être arriver à établir quelques rapports avec la science moderne.

. Trois couleurs sont attribuées à l'émeraude autre que le *zebabi* : 1° Le *rihani*, de nuance verte peu foncée comme la feuille de myrte. 2° Le *silqi*, dont la couleur est comme celle de la feuille de la bette fraîche (non sèche). 3° Le *çâbouni*, qui a la couleur du savon.

Cette nuance verte, *rihani*, de la première espèce d'émeraude a une grande analogie avec la première espèce de béryl, verte aussi et peu foncée. L'épithète caractéristique مـفـتـوح est la même dans les deux chapitres. Cette définition s'applique à un béryl d'un vert non intense, qui pourrait bien être l'aiguemarine des lapidaires (Brard, III, 222).

Suivant le ms. 879 suppl. ar. dans l'Inde et en Chine on donne la préférence au *rihani*. واهل الهند والصين تفضل الريحانى منه واهل المغرب يرغبون لما كان مشبعًا بالخضر وان كان قليل الماء ويزداد رونقًا اذا دهس ببرز الكتان « Les peuples de l'Inde et de la Chine préfèrent le béryl *rihani;* ils en sont engoués, tandis que les peuples du Magreb préfèrent l'espèce plus foncée en couleur et s'en engouent. Quand la pierre a peu de brillant, on lui en donne à l'aide de l'huile de graine de lin. »

Le béryl de couleur très-foncée est une aigue-marine d'un vert plus intense et privée de diaphanéité.

Le *silqi,* vert feuille de bette fraîche, peut très-bien indiquer un béryl vert tirant au jaune clair et se rapprochant du jaune-paille.

La troisième espèce du béryl, *vert transparent,* indique une gemme d'une nuance pure qui n'est pas commune dans les aigues-marines; mais ce pourrait être ce béryl à couleur limpide bien caractérisée dont un échantillon surmonte la couronne d'Angleterre (*Guid. prat. du joaill.* 84).

La nuance *çábouni,* c'est-à-dire de savon, doit avoir quelque chose d'opaque et de terne qui semble dénoter une pierre verdâtre avec un aspect calcédonieux.

Dans la confusion que présente la matière, il nous est impossible de pousser plus loin nos investigations. Nous ferons remarquer que la teinte bleue qu'on observe dans quelques aigues-marines n'est nullement indiquée ici.

Presque toutes les pierres vertes de quelque valeur avaient été assimilées à l'émeraude, ce qui augmente les difficultés du classement. Le *Kenz al-Tadjar* cite, «parmi les pierres ainsi assimilées, le jaspe, le jade vert, le béryl et le corindon vert [1].»

---

[1] Cette assimilation porte à penser que ce corindon vert aura souvent pu être confondu avec l'émeraude *zebabi,* vert-mouche. Suivant Théophraste, l'émeraude était produite par le jaspe, ἐχ τῆς ἰά-σπιδος ἡ σμάραγδος δοκεῖ γίνεσθαι. (*De lapid.* p. 693, 27.)

ومن أشباه الزمرذ حجر يقال له اليصب واليشم الاخضر والزبرجد والياقوت الاخضر. Aristote nomme aussi la malachite, دهنج.

M. Prinsep, dans la notice déjà citée, dit que le peuple applique le nom de zeberdjed, زبرجد, à la *tourmaline*, surtout quand elle est d'un gris jaune.

### GISEMENTS DE L'ÉMERAUDE ET DU BÉRYL.

Suivant Teifaschi, l'émeraude se trouvait en Égypte. Nous ne voyons l'indication d'aucune autre localité chez les Arabes. Il paraît pourtant que cette pierre ne fut point d'une trop grande rareté en Orient. M. Reinaud, dans ses *Monuments du cabinet de M. de Blacas*, parle de l'émeraude que les Orientaux employaient en parure, à cause de sa beauté et aussi à cause de sa dureté. Elle était surtout recherchée en Perse, et Sàdi, philosophe persan, reproche aux dames de son temps de la rechercher avec trop de passion (*Monum. du duc de Blacas*, I, 3).

Toutefois on se demande d'où pouvaient venir ces émeraudes avant la découverte du Nouveau-Monde, s'il n'y avait que le seul gisement d'Aswan qui en fournît. Du temps de Chardin, ces gisements d'Aswan avaient depuis longtemps cessé d'être exploités. Le gisement même des béryls était inconnu aussi, puisque Teifaschi lui-même nous apprend que de son temps les béryls ou aigues-marines qu'on voyait employés avaient été trouvés dans des tombeaux anciens. Mais Chardin nous aide à ré-

soudre le problème lorsqu'il dit : « Il pourrait être
que les émeraudes d'Égypte y étaient apportées par
le canal de la mer Rouge venant, ou des Indes occi-
dentales par les Philippines, ou du Pégu, ou du
royaume de Golconde sur la côte du Coromandel,
d'où on tire journellement des émeraudes. »

Voici le texte de Teifaschi : معدن الزمرد في
التخوم من بلاد مصر والنوبة خلف اسوان في جبل
هنالك ممتد كالجسر فيه معادن تحفر فيخرج منها الزمرد
قطعا صغارا كالحصى منبثة في تراب المعدن « La mine
des émeraudes est vers les confins de l'Égypte et de
la Nubie, au delà d'Assouan (Syène). On la trouve
dans une montagne qui s'étend en chaîne. C'est là
que sont les gisements dans lesquels on fouille et
desquels on extrait les émeraudes en petits morceaux
semblables au gravier répandu dans la terre pulvé-
rulente de la mine. » Le *Kenz al-Tadjar* ajoute : حيث
الطول ن درجة والعرض ك درجة, *là où la longitude est
de 50 degrés et la latitude de 20.*

Teifaschi ajoute aussi que la *première chose qu'on
rencontrait dans ces mines, c'était une substance qu'on
nomme talc.* اول ما يظهر من معدن الزمرد شي يسمونه
الطلق.

Plus loin, Teifaschi signale d'autres gisements
d'émeraudes entre *Qouç* et *Ahidâb* (قوص وعيداب)[1],
dont il donne les noms; mais ces émeraudes appartiennent aux genres *silqi* et *rihani*, qui rentrent dans

---

[1] Ahidab, voy. plus loin au chap. *Bézoard.*

le béryl. Ces gisements ne devaient pas être éloignés de Syène et sans doute appartenir au même système géologique de roches de micaschiste, si l'on compare les positions géographiques [1].

Édrisi parle aussi de la mine d'émeraudes qui « existe au midi du Nil, près d'Assouan, dans un désert loin de toute habitation » (trad. Jaub. I, 36). Aucun auteur arabe ne donne le nom de la montagne où est le gisement des émeraudes.

Ces mines d'émeraudes ont été pendant longtemps oubliées, Chardin le dit positivement (t. IV, 70, éd. Amster.). En 1817 Patrin écrivait dans le *Dict. d'hist. natur. Deterv.* qu'on ne connaissait plus les lieux où les émeraudes se rencontraient en Égypte [2].

Nous lisons dans Teifaschi, au chapitre *Zeberdjed*, que de son temps le béryl était très-rare, et que les gisements en étaient inconnus. الزبرجد يكون فى معدن

الزمرد ويوجد معه الّا انه قليل جدّا اقلّ وجودًا من

الزمرد وامّا فى هذا التاريخ الذى وضعت فيه هذا الكتاب

وهو عام اربعين وستمايَة فانه لا يوجد فى المعدن منه شى

---

[1] Le *Kenz al-Tadjar* assigne à ces mines, longitude 50° et latitude 20°; suivant Aboulféda la longitude d'Assouan = 55°, la latitude = 22° 1/3; la longitude de Qouz = 54°, latitude = 24°; la longitude d'Adian = 58°, latitude = 21°.

[2] Al-Basri cité par Ibn Beithar dit que « l'émeraude est une pierre verte de nuances variées qu'on tire des contrées du Soudan » وهو حجر اخضر اللون مختلف الخضرة يجلب من بلاد السودان. Ibn Beith. ms. Bibl. impér. 1023, anc. fonds, fol. 205 v°. Le mot *Soudan* ne serait-il pas une altération d'*Assouan*?

البتة واما الموجود منه الان فى ايدى الناس على قلّته فصوص

تستخرج بالنبش من الاثار القديمة اللتى بثغر

الاسكندرية حاطه الله تعالى يقال انها من بقايا كنوز

« Le béryl se trouve dans les gisements d'émeraudes auxquelles il est mêlé; seulement il est très-rare et on en trouve excessivement peu, infiniment moins que des émeraudes. A cette époque même où fut publié ce livre, en l'année 640 de l'hégire (1242 de l'ère chrétienne), il est impossible d'en trouver dans les mines. Les béryls qu'on rencontre maintenant dans le public sont, dans leur rareté, des chatons de bagues qui n'ont été obtenus que par des fouilles faites dans les (ruines des) monuments anciens des environs d'Alexandrie, que Dieu la protége. Ces béryls sont, dit-on, des restes des trésors d'Alexandre. »

Cependant nous avons vu, au commencement du chapitre, que les Orientaux et surtout les Persans recherchaient beaucoup les émeraudes et les aigues-marines sans doute. Chardin (*loc. cit.*) nous donne encore le moyen de résoudre ce problème par les gisements qu'il révèle et par les importations venant du Pégu et de l'Inde.

Ces mines d'*émeraudes vertes*, si longtemps inconnues, ont été retrouvées, ainsi que celles d'aigues-marines, dans la montagne de *Zabara*, qui fait partie de la chaîne arabique qui longe la mer Rouge, à peu près à la latitude de Syène (Assouan), entre cette ville et la mer Rouge, à sept lieues de cette dernière. M. Caillaud est, très-probablement, le *premier qui ait retrouvé les anciennes exploitations.* Les galeries de recherches très-nombreuses sont ouvertes dans les micaschistes et les gneiss qui renferment cette belle gemme.

*L'aigue-marine* se trouve non loin de ce gisement par 24° de latitude, dans l'île dite des *Émeraudes* (*Djezireh al-ziberdjet*[1]). — Conf. *Minéral. appl. aux arts*, III, 224.

Nous lisons dans le même traité (*Minéralogie appliquée aux arts*, III, 222) un fait curieux qui se rattache au béryl, *zeberdjed*, que du temps de Teifaschi on ne trouvait que dans les ruines des anciens monuments. « L'émeraude *chatoyante*, dit Brard, qui vient de la haute Égypte, est encore (1821) excessivement rare dans les cabinets. Pendant longtemps elle ne se trouvait que dans les ruines de Thèbes. » Cette citation, outre qu'elle confirme le fait avancé par les écrivains arabes, nous fait connaître l'espèce de gemme dont il s'agissait; ce n'était point l'*émeraude verte*, dont le gisement n'était sans doute pas encore perdu, mais l'*émeraude chatoyante*, une espèce du genre béryl.

Les manuscrits de Teifaschi et le *Kenz al-Tadjar* citent sous le nom de *almâst* une pierre qui ressemble en tout point à l'émeraude. وفى اشبـاه الـزمـرد شى

يسمّى الماست يخرج مع الزمرد من معـادنه وهو جـامـع

---

[1] Nous devons ces explications à l'obligeance de M. Lartet fils, aide-naturaliste au Muséum de Paris, qui a exploré ces contrées et qui soutient dignement le beau nom scientifique qu'il porte. Nous citons presque textuellement ses propres expressions.

الاوصاف لزمرذ كلّها الظاهرة من اللون والرخاوة وخفّة
اللون حتى لا يكاد يفرق بينه.وبين الزمرذ الّا انّه اذا ركب
على البطانة نقص ماؤه وصار الى السوأد والصفرة فيبان
حينئذ من الزمرذ لان من خاصّية الزمرذ ما ذكرناه من
انه اذا ركب على البطانة زاد ماؤه وحسنه اىّ نوع من
انواع الزمرذ كان‬ « Parmi les choses qui ressemblent
à l'émeraude, il y en a une nommée *almâst* qui sort
des mêmes mines qu'elle. Cette pierre réunit toutes
les qualités extérieures de l'émeraude quant à la
couleur, la finesse et la délicatesse dans la nuance,
de façon qu'il est très-difficile de reconnaître la différence entre les deux pierres[1]. Seulement, quand
l'almâst est monté dans son état naturel[2], il perd de

---

[1] Le *Kenz al-Tadjar* lit avec cette variante : لا يكاد يفرق بينه
وبين الزمرذ الّا المميّز والمبرّز فى نقد لجوهر وخاصّية التى تفصل
بها على الزمرذ انه اذا ركب على بطانة نقص مآءه وصار الى
السواد والصفرة‬ « Il est très-difficile de faire une distinction entre
cette pierre (l'almâst) et l'émeraude, à moins d'être connaisseur habile et très-expérimenté dans la connaissance des pierres précieuses.
Une des particularités par lesquelles l'almâst se distingue de l'émeraude, c'est qu'étant monté dans son état naturel il perd de son eau
et passe au noir et au jaune. »

[2] على بطانة‬. Cette expression prise ici dans un sens technique
présente des difficultés. Nous la trouverons plus loin appliquée au
*grenat.* Teifaschi lit اذا ركب على البطانة‬, mais le texte du *Kenz al-
Tadjar* fournit un commentaire satisfaisant en lisant : ان لم يحفر
اسفله‬ « si la partie inférieure n'est pas creusée, *chevée* (*cavata*). »
Les dictionnaires sont insuffisants pour l'explication du mot بطانة‬.

son eau et passe au noir et au jaune. Dans ce cas,
on a un moyen de distinguer les deux pierres, car
pour l'émeraude montée dans ces conditions, son
brillant augmente par suite d'une propriété que nous
avons citée et qui se trouve dans toutes les variétés
d'émeraudes. »

Quelle peut être cette pierre qui n'est indiquée
dans aucun dictionnaire? Nous croyons la reconnaître dans la *tourmaline noire* indiquée par M. Lartet
comme existant dans les talcschistes du mont Zabara où est le gisement des émeraudes. On sait que
la tourmaline est parfois d'un vert très-foncé passant au noir, et que la nuance perd de son intensité,
qu'elle devient plus claire en *chevant* (creusant) la
pierre. Elle acquiert ainsi plus d'éclat, comme nous
verrons pour le grenat, البجادى.

Peut-être est-il curieux de voir ce que Teifaschi
raconte de l'exploitation des mines d'émeraudes. تحفر
فتجد طلقًا هشًّا فيه الزمرد فى تربة حمرآ لينة مشتملة
عليه ربّما اصيب العرق منه متصلًا فيقطع وهو جيّده
واما صغرة فانه يصاب فى التراب بالنخل ولذلك انهم
ينخلون الترب ثم يوجد حلاله فيصول ويغسل كما يغسل
تراب الفضة فيجود فيه الحجر « En fouillant, on trouve
le talc peu consistant dans lequel est l'émeraude,
dans une gangue rouge douce au toucher qui l'envi-
ronne de tous côtés. Souvent on atteint la roche
(litt. la racine) elle-même en masse compacte. On la

détache par morceaux, c'est ce qu'il y a de mieux.
Quant aux gemmes d'un petit volume, on les trouve
au milieu d'une terre meuble au moyen du crible
par lequel on fait passer la terre. Puis on procède
au lavage comme on fait pour la terre qui contient
des paillettes d'argent; c'est là qu'on trouve ces petites émeraudes. » وما يوجـد من زمـرد فى الـتـراب فـهـو
الفصّ وما قطع منه من العـرق فهـو القصب فى اصطـلاح
الجـوهـريـيـن « Les émeraudes trouvées dans la terre
meuble (de petit volume) sont, en terme de bijouterie et de mineurs, appelées *al-phaz*, le chaton,
et celles qu'on détache de la roche sont appelées
*al-qaçb* [1]. » Ce sont les plus belles.

Les Arabes et les anciens en général ont attribué
de grandes propriétés médicales à l'émeraude, surtout à l'émeraude vert-mouche, qui, à cause de sa
nuance pure, fortifie la vue; prise en poudre à une
certaine dose, elle est un contre-poison efficace [2].
C'est surtout sur la vipère que cette émeraude agit
avec énergie. Non-seulement elle la fait fuir, mais
elle peut faire sortir ses yeux de leurs cavités. Nous
passerons sous silence le reste, comme les vertus talismaniques, etc.

Les Arabes avaient constaté que *l'émeraude se fond
et se calcine quand on l'expose au feu, et qu'elle n'y*

---

[1] القصب litt. chose allongée creuse, *arundo, fistula*. Cette expression semble rappeler cette forme cylindrique que les Indiens se plai-
saient à donner au béryl et à enfiler parfois avec des crins d'élé-
phant. (Pline, XXXVII, xx.)

[2] Maimourides, *Traité des poisons*.

*résiste pas comme le corindon* والزمرذ يتحلّ على النار

يتكسّس فيها ولا يلبت عليها كما الياقوت. Aujourd'hui,

il est constaté que l'émeraude exposée à l'action du feu se fond en un verre blanc un peu écumant. (Dict. Hist. nat.)

Les anciens Grecs et Latins connaissaient l'*émeraude* et le *béryl;* Théophraste, dans son *Traité des pierres*, parle du σμάραγδος, « émeraude, » dont il reconnaît plusieurs espèces, la véritable émeraude qui a, comme on l'a déjà dit, la propriété de faire prendre à l'eau une teinte verte. Ἡ δὲ σμάραγδος καὶ δυνάμεις τινὰς ἔχει· τοῦ τε γὰρ ὕδατος, ὡς εἴπομεν, ἐξομοιοῦται τὴν χρόαν ἑαυτῇ. Cette nuance, comme le fait observer Hill (90), n'est pas la conséquence de la dissolution de la pierre, mais de l'irradiation des rayons colorés dans l'eau. Il parle ensuite de l'émeraude bactriane et d'émeraudes d'une grosseur démesurée qui étaient de fausses émeraudes, ψευδὴς σμάραγδος. Le même Théophraste parle d'un fragment de pierre *moitié émeraude, moitié jaspe*, trouvé dans l'île de Chypre. Φασὶ γὰρ εὑρηθῆναί ποτε ἐν Κύπρῳ λίθον, ἧς τὸ μὲν ἥμισυ σμάραγδος, ἥμισυ δὲ ἴασπις. Ce qui prouve que les Grecs comme les Arabes reconnaissaient une grande affinité entre l'émeraude et le jaspe.

Théophraste parle de la *chrysocolle*, qui était de la même couleur que l'émeraude et que quelques auteurs croyaient être de la même nature. Hill fait remarquer que cette chrysocolle n'a rien de commun avec la nôtre, ni même avec celle décrite par Boetius de Boot, mais qu'elle était bien probablement un quartz verdâtre qui se trouvait dans les mines de cuivre.

Pline cite un grand nombre d'espèce d'émeraudes : il en indique douze qui presque toutes sont distinguées par les noms du lieu de leur provenance. L'émeraude de Scythie tiendrait le premier rang, puis celle de la Bactriane. Celle d'Égypte n'occuperait que le troisième rang. On la trouvait aux environs de Coptos, ville de la Thébaïde, ce qui nous rappelle les émeraudes d'Assouan.

Les autres espèces venaient des mines de cuivre, ce qui peut faire penser que des substances cristallisées et colorées en vert par l'oxyde de cuivre auront pu être confondues avec l'émeraude.

Le béryl, *beryllus*, fait aussi l'objet d'un chapitre dans Pline (XXXVII, xx). Il dit que quelques personnes le regardent comme étant de la même nature que l'émeraude, ou au moins semblable à elle. Il en compte sept espèces, parmi lesquelles figurent le *chrysobéryl*, tirant sur le jaune d'or, c'est de là que vient son nom ; le *chrysoprase*, plus pâle encore que le précédent ; ceux dont la nuance verte est celle d'une mer calme ; les béryls jaunâtres couleur de cire, *cerini*, et ceux couleur d'huile, *oleagini*, qui sont probablement les *zéiti*, الزيتى, des Arabes. Nous voyons donc les nuances attribuées aux béryls et aux aigues-marines se rencontrer ici.

Suivant l'annotateur de la traduction de Pline éditée par Panckouke, le *tanos* serait l'*euclase* longtemps confondue avec l'*émeraude*, et le *chalcosmaragdos*, la dioptase. (XXXVII, xix et not.)

La Médie, Cypre, auraient fourni une partie de ces gemmes, et c'est de la Scythie et de l'Égypte que seraient, comme nous l'avons vu, venues les plus belles. Ces prétendues émeraudes, assez grosses pour fournir des colonnes et des obélisques, n'étaient pour le naturaliste latin que de fausses émeraudes qui ne le trompaient point.

On trouvait, dit Pline, dans la Bactriane, les émeraudes dans les fentes des rochers, quand les vents étésiens soufflaient, parce qu'alors, le sol étant balayé par l'enlèvement du sable qui les recouvrait, les émeraudes brillaient de tout leur éclat[1].

## CHAPITRE V.

SPINELLE, RUBIS BALAIS, بنفش, ET EN PERSAN لعل.

Teifaschi, au début du chapitre sur le rubis balais, dit que cette gemme, « le *bénefesch* et le *badjâdi*

---

[1] *Bactriani (smaragdi), quos in commissuris saxorum colligere dicuntur etesiis flantibus, tunc enim tellure internitent, quia iis ventis maxime arenæ moventur.* (Loc. cit. xvii). Théophraste dit à peu près la même chose: Ἐκ τῆς Βακτριανῆς εἰσί πρὸς τῇ ἐρήμῳ· συλλέγουσι δὲ αὐτοὺς ὑπό (τοὺς) ἐτησίας ἱππεῖς· τότε γὰρ ἐμφανεῖς γίνονται κινουμένης τῆς ἄμμου διὰ τὸ μέγεθος τῶν πνευμάτων. « (Des émeraudes) viennent de la Bactriane, vers le désert; des gens à cheval vont les recueillir quand soufflent les vents étésiens. Elles deviennent alors visibles à cause du sable soulevé par la violence des vents. » (Theophr. *De Lapid.* 35). Nous avons cité le texte de Pline admis par le P. Hardouin; mais l'édition de Panckouke admet une légère variante qui n'est pas sans valeur; on y lit : *Tunc enim tellure tersa nitent*, etc.

ressemblent aux trois espèces de rubis (yaqout) dont il a parlé : « البلخش والبنفش والبجادى ثلاثتنها من اشباه الياقوت الثلاثة. Il a donc tendance à les réunir en un seul groupe. Cette réunion, du reste, ne serait point étonnante à cause de l'analogie trompeuse dans les nuances indiquées pour chaque espèce, qui passent de l'une à l'autre et qui tendent à se confondre. Il est difficile qu'il en soit autrement quand on est réduit aux moyens empiriques et extérieurs. L'émeraude et le béryl nous ont déjà fait voir cette grande et presque inextricable confusion des espèces, dont souvent la minéralogie moderne, aidée des secours de la chimie et d'une physique perfectionnée, a, elle-même, tant de peine à triompher. Le joaillier le plus expérimenté est, souvent aussi, fort embarrassé dans la pratique; c'est pourquoi, tout en conservant la division du chapitre admise par Teifaschi, nous traiterons ces trois genres de pierres comme si elles ne composaient qu'un seul groupe, sans craindre de renvoyer les espèces d'un genre à l'autre, suivant que les caractères minéralogiques nous paraîtront l'indiquer et le vouloir.

Le ms. 879 suppl. ar. réunit en un seul chapitre le *badjâdi* et le *bénefesch*, « qui est le nom sous lequel le premier est connu » البجادى ويعرف بالبنفش, ce qui est déjà un argument en faveur de notre opinion pour l'assimilation de ces genres. بلخش, et en persan لعل, est pour nous le *spinelle, rubis balais* ou *spinelle rubis, rubinus spinellus* des minéralogistes modernes. Cette traduction s'appuie sur la comparaison des résultats des expériences hydrostatiques cités par Abou-Rihan Albirouni sur le لعل, et celles obtenues par les modernes sur le rubis balais. En effet, les résultats rapportés par le physicien arabe donnent 3,58 pour le chiffre de la densité; dans les tables modernes, nous trouvons 3,59 A. B. long. ou 3,57 Haüy. Le nom distinctif de *balais* est une altération du nom du lieu qui les fournissait, *Badakhschan*, بدخشان, comme nous le verrons.

Teifaschi distingue trois couleurs principales : بلخش — بلخش اخضر زبرجدى — بلخش احمر العقرب اصفر :

Le بلخش احمر العقرب, « spinelle rouge couleur de scorpion, » ce serait le vrai rubis spinelle, qui est rouge tirant sur le rouge ponceau.

Pour le rubis اخضر زبرجدى « vert de béryl, » nous aurons occasion d'y revenir plus loin. Quant au rubis « jaune » ou « jaunâtre » اصفر, il faut, comme l'indique Brard (t. III, p. 212), le ranger parmi les grenats.

Tandis que Teifaschi n'indique qu'une seule nuance rouge, le *Kenz al-Tadjar* en indique plusieurs autres, mais toutes dérivées du rouge. وقال بعض الجوهريين ان اصنافه خمسة العقرى ما كان شديد الحمرة ويليه الاتشى وهو اقل حمرة منه ومنسوب الى النفار لان اسم النفار بالفارسية اتش ويليه النفارى وهو بلون الرمان لان الرمان بالفارسية نار ثم النبازكى وهو اقل لونا فى الحمرة من النفارى ثم الاصفر وهو من شبه الباقوت الاصفر.

« Il est des joailliers qui disent qu'il y a cinq espèces
différentes de *spinelle* :

1° Le rouge de *scorpion*, d'une nuance très-vive;

2° Vient ensuite la couleur de feu *ateschi*, moins
vive que dans le précédent; on traduit par (couleur
de) feu parce que en persan le feu se dit *atesch;*

3° Vient ensuite le *nari*, qui a la couleur de la
grenade, qui, en persan, s'appelle *nâr;*

4° Le *niâzki*, dont la couleur est plus faible que
celle du précédent;

5° Enfin le *jaune*, qui ressemble à l'yaqout (corindon) jaune. »

Suivant le ms. 879 suppl. ar. « le rubis balais est
une pierre rouge, brillante, inférieure au corindon
pour l'éclat et la densité, tellement que, pour la tailler,
il faut la frapper avec un corps dur, et pour lui
donner le poli, il faut recourir à la marcassite d'or
(zinc sulfuré), » فى الصلبة (الياقوت) البلخش يخلف عنه
حتّى انه يجتنك بالمصادمات فيحتاج للجلا بالمرقسبنا ذهبى

Passant ensuite aux couleurs, ce même manuscrit cite le rubis spinelle qui ressemble au corindon
*bihrmani*, et qui est connu sous le nom de *iazki*,
البايزكي : c'est le plus estimé et le plus cher[1]. Celui
qui tire sur le blanc et celui qui passe au violet sont
moins appréciés que le précédent. Plus loin, le
même manuscrit revient encore sur la couleur vio-

---

[1] Il est même à remarquer que c'est le seul auquel il attache une
valeur, puisqu'il ne parle pas du prix des autres couleurs. De nos jours
aussi les spinelles qui ne sont pas rouges sont rejetés par les joailliers. Ce nom de بايزكي manque dans les autres manuscrits.

lacée بنفسجى, sur le vert, qui est le *zéberdjedi* de
Teifaschi, et le jaune, qui est mentionné plus haut.
Il est aussi question dans ce manuscrit de fragments
qui réunissent les nuances verte, rouge et jaune
dans le même morceau.

Si nous interrogeons les minéralogistes modernes,
nous trouvons les diverses nuances des rubis indiquées par les Arabes. Ainsi Brard (III, 211), après
avoir posé en principe que la couleur du spinelle
rubis balais est le *rouge par excellence*, ajoute que
*cette teinte subit diverses modifications, telles que le
rouge écarlate, le rose, le rouge jaunâtre et le rouge
pourpré, alabandine des anciens.* Le rubis balais tire
parfois encore sur le vineux ou le violet. (*Guid. prat.
du joaillier*, 507.)

Léman (*Dict. d'hist. nat.* Déterv.) mentionne aussi
quatre nuances principales :

1° Spinelle ponceau, possédant cette nuance d'un
beau rouge ;

2° Spinelle *vinaigre*, à teinte roussâtre ;

3° Le spinelle balais d'un rose violet, qui peut
trouver à se fondre dans les nuances *nari* ou *iazki*
du *Kenz al-Tadjar*, et qui est le بنفسجى du n° 879[1].

Girardin et Lecocq, dans leurs *Éléments de miné-*

---

[1] Prinsep, dans une notice sur les minéraux précieux de l'Orient,
parle du rubis spinelle d'un rouge clair لعل راحمنى, nommé par les
joailliers modernes ياقوت نارم, ou simplement en hindoustani
نارمه, et de plus لعلرى. « Il vient, ajoute-t-il, du Pégu. » (*Journal
asiat. Soc. Bengal.* t. I, août 1832.)

*ralogie*, t. II, p. 54, nous disent aussi la même chose que Brard.

Le clivage du spinelle est assez facile, ce qui peut expliquer ce que dit le ms. 879, « qu'il peut se tailler par la percussion, » يحتك بالمصادمات.

La couleur *verte* est mentionnée par les minéralogistes modernes comme un accident de la couleur, qui est quelquefois verdâtre. Lisons ce que dit le ms. 879 suppl. ar. d'après Abou-Rihan : قال ابو الريحان البيروني وقد شاهدت من هذه الالوان شيئًا لم يشبع خضرة اخضر يشبه الميعًا الاخضر بل بالزجاج اكثر شبهًا وقيل انه حى الاخضر فلمّا استحال عن لونه ولم يقدح النار فيه قدحه فى الزمرذ واكثر ما يوجد هــذا الاخضر فى التراب ولحصى فى التفتيش وامّا اصفره فانه لا يصبر على النار ولكنه يتغيّر وهــذا مضاد لما ذكره الكندى فى كهب الباقوت اذا شابه صفرة ثم انه ليس فى رونق الباقوت الاصفر حتّى يكون فى اشباهه ولا فى اصفر الميعاء. « Abou-Rihan Albirouni dit : Parmi ces couleurs, je n'en ai jamais vu d'un vert saturé (foncé). La couleur verte rappelait celle des *perles en émail*[1]

---

[1] مينا ou ميناء (rac. ونى), dans le langage et les dictionnaires modernes, est traduit par *émail*. Dans Castel (partie arabe), il l'est par *gemma vitrea vitrofacta*; Freytag a traduit de même; mais dans le lexique persan de Castel, on lit: *vitreus globulus, gemma adulterina*. Cette substance était de diverses couleurs; il y en avait d'un *vert* d'une nuance différente de celle du verre et de *jaune*. Ce point de comparaison pour le spinelle nous porte à imaginer une *fausse perle*,

*vert* et plus encore celle du verre[1]. Il a été dit que quand on fait chauffer le spinelle vert, la couleur s'altère rarement, et que le feu l'affaiblit moins que celle de l'émeraude. Le plus habituellement, on trouve ce spinelle vert dans la terre superficielle et le gravier, quand on cherche avec soin. Quant au spinelle jaune, il supporte mal l'action du feu et sa couleur s'altère, au contraire de ce qu'a dit Alkendi sur le rubis roux foncé rappelant le jaune; ensuite, il n'a point l'éclat du rubis jaune (la topaze) qui le fasse ressembler à ce dernier; il n'a pas *davantage* la nuance jaune des *perles d'émail.* »

Ce spinelle n'a donc point une nuance verte franche, mais celle affaiblie de l'émail même ou du verre, ce qui rappelle une des nuances du béryl ou de l'aigue-marine. On la signale dans le *spinelle pléonaste* (*Élém. min.* II, 54), à moins qu'on ne le voie dans le zircon verdâtre qu'on trouve aussi dans le sable et le gravier des ruisseaux.

Nous savons par ce texte que le feu agit très-faiblement sur le rubis balais rouge, tandis qu'au contraire il se ferait sentir sur le rubis balais jaune, qui perdrait sa couleur. La minéralogie moderne

non pas seulement en *verre,* mais en *pâte d'émail,* ce qui explique pourquoi le mot *émail* se trouve dans les dictionnaires. Les personnes peu habituées auront facilement confondu l'émail colorié avec le verre en grains de collier coloriés. Ils l'auront pris pour une simple *verroterie; vitreæ gemmæ* de Saumaise, *Exerc. in Polyhist.* II, 1093.

[1] L'auteur entend-il parler du verre ordinaire ou du verre de Pharaon? Nous inclinerions pour ce dernier, souvent cité, et qui présente cette nuance verdâtre quand il est sous un certain aspect.

enseigne que le feu agit très-faiblement sur le spinelle, tandis qu'il enlève au grenat sa couleur, ce
qui appuierait la nécessité de renvoyer ce spinelle
jaune parmi les grenats. (Cf. *Minér. appl. aux arts*,
III, 212.)

Le rubis balais, suivant les auteurs arabes, se
trouve dans le Balakschan. البلخش يوتى به من بلخشان
والعجم يقولون بذخشان بذال معجمة واليها ينسب وهو
قاعدة من قواعد مدن الترك مّما يتاخم الصين لها اقليم
كبير فيه معدن هذا الحجر « Le rubis balais (balakhsch)
vient de *Balakhschan*; les étrangers prononcent *Ba-
dsakhschan* par un *dsal*. C'est à ce pays que se rattache la dénomination de la pierre. C'est une des
villes principales des Turcs dans le voisinage des
frontières de la Chine. Il y a là une grande contrée
où se trouvent les gisements de cette pierre. » Suivant le n° 879, ces gisements seraient à trois jours
de marche de distance de la ville.

Édrisi, qui écrit *Badakhschan*, dit aussi qu'on tire
des montagnes qui environnent la ville des pierres
de couleur très-précieuses, telles que le rubis d'un
*rouge vif*, le rubis couleur de *grains de grenade* et
autres. Dans une note, le traducteur rappelle que ce
dernier est le *rubis balais, rubinus balassius*. (Édrisi,
trad. I, 478.)

D'après les minéralogistes modernes, le spinelle
rubis paraît appartenir aux terrains de micaschiste.
On le connaît aussi dans des calcaires magnésiens, la-
mellaires, et dans des roches quartzeuses, micacées,

rapportées de Ceylan, où on le rencontre avec les corindons, les grenats, etc. On rencontre ces gemmes mêlées ensemble dans le sable des torrents et des rivières. (Voy. Girardin et Lecocq, *Élém. de min.* t. II, p. 35, et *Min. appl. aux arts*, t. III, p. 2 1 1)[1].

## CHAPITRE VI.

### بنفش, L'HYACINTHE OU ZIRCON.

*Bénefesch*, بنفش, ce mot se traduit habituellement par *violette*; aussi Ravius l'a rendu par *améthyste*; Freytag l'a suivi dans son dictionnaire. On ne le trouve pas appliqué à une gemme dans le dictionnaire de Castel, ni dans la partie arabe, ni dans la partie persane. Nous ne pouvons voir une améthyste dans la pierre présentée par Teifaschi, parce que nous la trouverons plus tard sous le nom de جمشت. Ce nom est un de ceux qui nous ont le plus embarrassé pour reconnaître dans la minéralogie moderne la pierre à laquelle il peut se rapporter. Néanmoins, nous croyons pouvoir nous arrêter au *zircon*, *jargon* ou *hyacinthe* des minéralogistes modernes.

Teifaschi, comme nous l'avons vu, tend à faire du rubis balais ou spinelle, de l'hyacinthe et du grenat, un seul groupe. Ici il rappelle encore l'ori-

---

[1] La comparaison du rubis balais, de l'hyacinthe bénefesch et du grenat avec les gemmes analogues des Grecs et des Latins se trouve à la suite de l'yaqout.

gine commune des deux premiers, البنفش قد ذكرنا

ان تكوّنه وتكوّن البلخش واحد.

Il admet quatre espèces qui se distinguent par les couleurs :

1° ماذنبى وهو احمر مفتوح اللون « le *madzanabi*, qui a une couleur rouge clair ; »

2° البنفش الرطب احمر قوى الحمرة « le *bénefesch* limpide à nuance très-foncée ; »

3° البنفسجى وهو اسود تعلوه حمرة يسيرة مطوّسة بزرقة حفيفة « le violacé noir avec une légère teinte superficielle rouge chatoyant en bleu faible ; »

4° الاسياذشت وهو اصفر مفتوح اللون وجميعه قريب الشبه للبلخش إلا انه اكد منه لونه « l'*asiâdsischat*, d'une nuance jaune franche ( ouverte ), ressemblant dans tout son ensemble au rubis balais, sinon que sa teinte est plus sombre. »

Ces descriptions nous parlent toutes de pierres dans lesquelles le rouge semble former le principe de la coloration. La quatrième espèce paraît faire exception et recevoir une teinte jaune.

Une explication dialoguée sur l'affaiblissement du prix du *mazanabi* peut être ici utilement rapportée.

وسألت بعض مشايخ الجوهريين عن سبب تسميّة هذا النوع بهذا الاسم فقال هذا الحجر شديد الشبه الياقوت واذا يقوم بدون قيمة الياقوت كانه يقول بلسان حال جودته ما ذنبى حتى أقوّم بدون قيمة الياقوت « J'ai interrogé un vieux bijoutier sur la cause du nom

donné à cette pierre. Il me répondit : « Cette pierre
« matériellement ressemble beaucoup au rubis ; mais
« comme elle est d'un prix inférieur, elle semble
« dire tacitement par son mérite : Quelle est donc
« ma faute pour que je vaille moins que le rubis? »
Cette première espèce nous paraît être l'hyacinthe
rouge ponceau, comme le *sciâdsachat* serait à la
première vue l'hyacinthe de couleur rouge orangé ;
mais cette nuance plus sombre اكمد que celle du
rubis balais donne un mélange de tons qui nous
conduit à l'orangé foncé ou brun.

Nous trouvons dans le ms. 879 sup. ar. fol. 15 v°, au
chapitre du جادى, une description qu'il est bon de
rapporter ici : ومنه صنف يشوبه صفرة خلوقية
ويعرف بالاسيادشت ويوجد فى الخراسان. « Il y en a une
espèce qui a une teinte jaune foncée et qui est
connue sous le nom de *asiâdschat;* on la trouve
dans le Khorasan. » Cette description concorde avec
celle de Teifaschi ; mais dans cette dernière nous ne
voyons pas pourquoi il prend pour point de comparaison le rubis balais, qui tend toujours à la nuance
rouge que nous pourrions retrouver dans quelques
variétés du grenat, auquel notre manuscrit le rattache.

En examinant attentivement les couleurs du *bé-*
*nefesch,* nous voyons une teinte rouge qui pourrait indiquer un spinelle ou un grenat d'une nuance
claire. Une autre espèce est d'un bleu purpurin chatoyant qui porte aussi à la ramener dans les grenats.
Enfin nous arrivons à *l'asiâdschat* dont la descrip-

tion est bien celle d'une pierre d'une teinte aurore foncée qui se trouve dans les *Kanelstein* de Werner, ou *essonites* de Haüy, connues dans la joaillerie sous le nom d'*hyacinthes*, quoique en réalité elles soient d'une autre nature. L'*essonite* est classée dans les *Éléments de minéralogie* de Girardin et Lecocq parmi les grenats. Ainsi il résulte de tout ce qui vient d'être dit, que le nom de la pierre appelée *bénefesch* par les Arabes ne peut, en pratique, être traduit autrement que par *hyacinthe*, et que scientifiquement on a sous cette dénomination confondu des *zircons* et des *grenats;* mais que rien n'autorise à traduire par *améthyste*, pas même pour la troisième espèce, le violacé, où les nuances de l'améthyste ne sont pas assez énergiquement accusées. Le ms. 879 a donc bien fait de réunir le بنفش et le بجادى dans un même chapitre.

L'hyacinthe est, suivant Teifaschi, d'un prix qui n'est que le quart de celui du *rubis spinelle*. Aujourd'hui encore l'hyacinthe n'est considérée que comme une pierre de troisième ordre.

L'hyacinthe se trouve, suivant les Arabes, dans les mêmes gisements que les rubis, etc. Maintenant encore on trouve les zircons ou hyacinthes à Ceylan, mêlés aux graviers et sables entraînés par les courants d'eau, comme les autres pierres précieuses.

## CHAPITRE VII.

البجادى. LE GRENAT.

Les minéralogistes allemands séparent le grenat

en deux classes : les *grenats nobles* et les *grenats communs; edler Granat* et *gemeiner Granat.* Dans le commerce on les divise en *grenats orientaux* et *grenats occidentaux.* On comprend qu'ici nous n'avons à nous occuper que de la première classe.

Suivant Teifaschi et les naturalistes arabes, le grenat serait, comme le spinelle et l'hyacinthe, un rubis avorté, puisqu'on les trouve ensemble dans les mêmes gisements.

Teifaschi n'indique qu'une seule espèce de grenat. Il se contente de donner les caractères qui en constituent la beauté et les moyens d'en augmenter le brillant et l'éclat. البجادى حجر فيه خمرية وذلك انه احمر تعلوه بنفسجية كثير الماء لا شعاع له الّا فى الاقـلّ منه وما كان منه له شعاع فهو يشبهه الياقـوت « Le grenat est une pierre dans laquelle est une teinte vineuse, c'est-à dire que la couleur rouge est surmontée d'une nuance violacée. Il est d'une belle eau sans avoir d'éclat, sinon dans un très-petit nombre de pierres; et quand cet éclat existe, le grenat ressemble au rubis. »

Nous trouvons dans cette définition les trois classes de grenats admises en joaillerie. Le *grenat syrien*, qui est d'un beau violet, dans le البجادى احـمـر تعلوه بنفسجية كثير الماً; le *grenat de Bohême*, d'un rouge hyacinthe, ما كان يشبهه الياقـوت; le *grenat de Ceylan*, couleur lie de vin, حجر فيه خمرية.

Plus loin le même auteur nous dit que le grenat, quand on l'extrait de la gangue, n'a point de bril-

lant et qu'il est terne, mais qu'en le taillant et en le
travaillant on en fait ressortir l'éclat. Enfin il décrit
une opération usitée de nos jours : ما وده‍‍‍‍‍‍‍‍جوا

اشتدّت جمرته وكـثر بريقـه وهـو لا يـضى اذا ركـب على

البطايى ان لم يحفر اسفله وتنقّر الّا الـشـدّاذ مـنـه فان

الشديد الرطوبة منه النقى يضى واسفله مسطّ وذلـك

نـادر قـلـيـل « Le plus beau grenat est celui dont la
couleur rouge est très-vive et qui a beaucoup d'éclat.
Le grenat ne brille point quand il a été monté *tel
qu'il se trouve et à fond plein* [1], et si la partie inférieure n'a point été creusée. Il en est peu pour lesquels cette opération ne soit pas nécessaire. Les
grenats d'une grande limpidité et purs dans leur
essence et qui ont du brillant, alors même que la
partie inférieure reste pleine, sont en petit nombre
et rares. »

Cette opération, qui a pour but d'augmenter la
transparence du grenat en creusant la surface inférieure, est très-usitée de nos jours. On dit d'un grenat
dans cette condition qu'il est *chevé, cavatus.* (Cf.
Brard, t. III, p. 238, et Ch. Barbot, *Guide pratique
du joaillier,* p. 354.)

Le ms. 879 suppl. ar. fol. 15 v°, présente la classifi-

[1] اذا ركب على البِطَايِن Nous avons traduit par « lorsqu'il a été
monté *à fond plein,* « parce que le dictionnaire donne à بطاين le sens
d'intérieur, interne, et que d'ailleurs le sens est déterminé par ce qui
suit. Le mss. 879 suppl. ar. lit: ليشقّ عن البطـيـن *pour qu'il
brille par l'absence d'un gros ventre.*

cation du grenat d'une autre manière. Il commence
par réunir le *bénefesch* ou l'hyacinthe avec le grenat,
de telle sorte que le premier serait le synonyme du
second : البجادى ويعرف بالبنفش *Le badjadi est connu
sous le nom de bénefesch*. A la fin de l'article du grenat, Teifaschi rappelle que certains joailliers rattachent le grenat à l'hyacinthe en le plaçant à la fin :

و من الجـوهريّـين من يجعل اصنان البنفش خمسة ويجعل

البجادى من المرتبة الخامسة منها الاخـيـرة وذلك بعـد

الاسياذشت « Il y a, dit-il, des joailliers qui admettent cinq espèces de *bénefesch* (d'hyacinthe). Ils
rangent le grenat dans la cinquième, *la dernière*,
après l'*asiâdischat*. » Nous avons vu que cette dernière pierre formait la quatrième espèce du *bénefesch*.

Il cite ensuite Aristote, suivant lequel « la couleur
du grenat serait pareille à celle du feu obscurci par
la fumée, » وشبّهه ارسطوطاليس لونه بنار يشوبها دخن,
puis il indique la pierre qui mérite la préférence :

والمختار منه ما كان احمر شديد الحمرة متناسب الاجـزاء

مشرق اللون حسن الشفوف ليست فيه زجـاجـيـة « La
pierre qui mérite la préférence est celle qui est
d'un rouge très-vif, bien proportionnée dans toutes
ses parties élémentaires, d'une teinte brillante et
belle dans son lustre, et qui n'a point de *glaces* »
(زجاجية).

A la suite de ces généralités, le même manuscrit
parle des espèces ; il en signale deux qui se distinguent par les couleurs, puis il indique les loca-

lités de provenance. واصنافه صنفان وهما يجيّان الى الحمرة

ورمّانى ومنه ما يجلب من بلاد الغرب ويعرف بالقروى ومنه
ما يجلب من بلاد افريجة ومنه صنف يشوبه صفرة
خلوقية ويعرف بالاسيادشات ويوجد فى خراسان واما
II « السرنديبى فانه لا يتجاوز مقدار الياقوت بقليل وزن

y a deux espèces de grenat qui toutes deux passent
au rouge ou bien à la nuance de la grenade. Il y a
une sorte de grenat, qu'on tire de l'Occident, qui est
connue sous le nom de *qarouy*. Une autre espèce est
apportée des régions européennes[1]. Une espèce est
d'un jaune foncé[2]. Elle est connue sous le nom de
*asciâdischat;* on la trouve dans le Khoraçan. Le *sérandibi*, dont le volume ne dépasse guère celui du
corindon. »

Toutes ces couleurs qui montrent une teinte
rouge élémentaire tendant à se nuancer de violet et
de jaune s'adaptent bien à nos descriptions modernes. L'*asiâdischat*, que nous considérions comme
étant l'hyacinthe, a été vu dans le chapitre précédent.

Le *sérandibi* paraît être le *grenat de Ceylan*, cité
dans les *Éléments de minéralogie*, t. II, p. 55. Nous

---

[1] أفريجة, أفرنجى, omnes Europæi præter Græcos. (Castel, *Lex.
hept.*) C'est pourquoi nous avons, sans hésitation, traduit بلاد
أفريجة par *régions européennes*. On lit dans Abou'lféda, بلاد الافرنج,
p. ١٩٧ : la France est appelée بلاد الافرنسة, p. ٢٠٢. Édrisi lit
اقليم افرنسية, t. II, p. 357.

[2] صفرة خلوقية *jaune foncé*. Il a été parlé de cette couleur au
chapitre du corindon jaune, *la topaze*.

ne pensons pas que ce puisse être la *ceylanite* que Romé de l'Isle considérait comme un grenat et Haüy comme un *spinelle*, car c'est une substance minérale noire observée du reste depuis peu de temps, tandis que le grenat de Ceylan pouvait facilement se confondre avec le *rubis balais*.

Les grenats européens, *afrandgi*, ne sont point mentionnés par Teifaschi, tandis que notre ms. 879 suppl: ar. en parle. On sait maintenant, grâce au grand développement qu'a pris la géologie, que le grenat est très-répandu dans ces roches micacées qui font la base des grandes chaînes de montagnes.

Il est regrettable que rien ne nous révèle le nom de l'auteur cité par ce dernier manuscrit.

Parmi les pierres qui ressemblent au grenat, Teifaschi cite le *madzinabadj*, ماذنج, qu'il décrit ainsi :

الماذنج وهو حجر احمر شديد الحمرة الا انّه مايـل الى السواد وهو أرخ من البجادى يحتـاج لشـدّة ظلمـته الى تنقـير الحفر فى اسفله حـتّى رق والا لم يـظـهـر ماؤه

« Le *madzinabadj* est une pierre rouge d'une nuance très-prononcée, sinon qu'elle passe au noir; elle est moins dure que le grenat. On est obligé, à cause de sa nuance trop foncée, de creuser (chever) le fond pour amincir la pierre; autrement son eau (son brillant) ne se verrait pas. »

Quelle est cette pierre? Nous ne le voyons pas bien. Nous pensions à la *mélanite*, qui est un produit volcanique, rangée il est vrai, par les minéralogistes, parmi les grenats; mais elle ne possède point

les caractères que nos Arabes attribuent aux grenats.
Ceux-ci, du reste, ne présentent cette pierre que
comme ayant de la ressemblance avec le grenat;
mais elle s'en éloigne parce qu'il n'y a point en elle
cette propriété attractive dont nous allons parler, et
alors c'est peut-être parmi les quartz colorés qu'il
faudrait chercher le *madzinabadj*. Ce mot, qui est
complétement étranger à la langue arabe, ne se
trouve point dans le dictionnaire persan[1].

Les Arabes attribuent au grenat une propriété
attractive que développe le frottement et qui est
pour eux un caractère d'élimination pour les pierres
qu'on pourrait confondre avec le grenat. Voici
comment s'exprime le mss. 879 suppl. ar. : والفرق
بينه (البجادى) وبين اشباهه انك اذا حككته على شعر
الرأس والصوف النظيف وشعر الوجه ثم تركبته على
صغير التبن رفعه وهكذا فعل حجر الكهربا « La différence qui existe entre le grenat et les pierres qui
lui ressemblent, c'est que lorsqu'on a frotté le grenat sur les cheveux ou de la laine propre (lavée),
ou sur les poils du visage (la barbe), et qu'ensuite
on pose la pierre sur de petits brins de paille, elle
les enlève comme le fait le succin. » Teifaschi dit à
peu près la même chose. Mais le *madzinabadj* ne
possède point la propriété attractive : وانه لا يعلق

---

[1] La version arabe de la Société biblique de Londres donne pour
interprétation du mot יָשְׁפֵה (Ex. xxviii, 20) مهيخ, qui semble
avoir quelque analogie avec celui-ci et que ne citent ni Gesenius, ni
Rosenmüller.

هبآ الارض « lui ne retient rien d'adhérent des choses lé-
gères de la terre. »

Suivant Teifaschi, le grenat se trouve dans les
mêmes gisements que le corindon, dans une île située « au delà de Ceylan (*Sérandib*), dans une montagne connue sous le nom de *Rahoun* » ورا جـزيـرة
سرنديب بالجبل المعروف بجبل الراهـون[1].

Le *Kenz al-Tadjar* indique des gisements de grenats vers les frontières du Boukhara; ceux qui en
viennent sont plus beaux que les grenats de l'Inde.

Le mss. 879 suppl. ar. parle d'une contrée de
l'Orient connue sous le nom de *Qaroni*, du pays des
Européens ou Francs et du Khorasan comme fournissant l'*asiâdischat*, ainsi que nous l'avons vu précédemment.

On sait maintenant que le grenat est très-répandu
dans la nature, disséminé dans les roches primitives
à base de gneiss, de talc, dans les micaschistes, etc.

## CHAPITRE VIII.

### LE DIAMANT, الماس.

Il ne peut y avoir de doutes sur la synonymie du
diamant. الماس est bien le dérivé du grec ἀδάμας avec
une certaine altération dans la manière d'écrire. Le

---

[1] Aboulféda, à l'article de Sérandib, mentionne la montagne
*Rahoun* : جبل عظيم على خط الاستـوا اسمـه جـبـل الـرهـون
يزعمون أن عليه هبط ادم عم « Une grande montagne sous la ligne
équatoriale; on pense que c'est sur elle qu'est descendu Adam. »
C'est le *Pic d'Adam* des modernes.

latin *adamas* part aussi de la même source. Ce mot, suivant les étymologistes, viendrait de α privatif et δαμάω, *dompter, ruiner, rompre.* Le mot français lui-même dérive du nom latin pris au génitif *adamantis,* avec l'intercalation de l'*i* et la suppression de la syllabe formative du génitif.

Le diamant est généralement limpide, brillant et incolore; néanmoins on en trouve de nuances diverses, comme nous le verrons. Teifaschi distingue deux espèces :

١° البلورى ابيض شديد البياض كلون = البلورى

البلور « Le cristallin est d'une limpidité (d'une blancheur) parfaite comme le cristal de roche (le quartz hyalin). »

٢° والزيتى يخالط بياضه صفرة كلون الزيت = الزيتى

وهو شبيه بالزجاج الفرعونى [1] « Le (diamant) olivâtre, c'est celui dont la limpidité (litt. la blancheur) est

---

[1] Le *verre de Pharaon,* الزجاج الفرعونى, suivant Saumaise, était fabriqué en Égypte, à Alexandrie, et il était très-estimé. (*Exerc. Plin.* II, 1093.) Ce verre devait avoir une teinte légèrement verdâtre, sans doute, quand on le regardait sous un certain aspect. Teifaschi lui applique l'épithète de زيتى, qui répond au *color oleagineus* de Pline, teinte de *l'huile d'olive,* nécessairement de l'huile à nuance verdâtre, puisqu'elle est appliquée aussi à la malachite et au jaspe par nos Arabes et par Pline, au *béryl,* pierre *verte.* Dans Virgile, le *vitreus color* tient le milieu entre le bleu et le vert. (*Géorg.* IV, 335.) Le *color* ὑάλινος et ὑαλινόειδης des Grecs est expliqué par *albido-cæruleus aut subviridi-cæruleus, Wasserblau Germanorum* (*Salm. ibid.*) Suivant M. de Khanikof, le verre de Pharaon était très-beau. Il tiendrait, pour lui, le milieu entre le verre à miroir et le *flint-glass,* comme le prouvent d'ailleurs les chiffres des densités, et peut-être plus exactement le verre à glace de Saint-Gobain, ainsi que nous le verrons, p. 223 et 224.

mêlée d'une teinte jaunâtre pareille à celle de l'huile d'olive (teintée de vert); il ressemble au verre de Pharaon [1]. »

A ces deux couleurs le ms. 879 suppl. arabe ajoute les suivantes : الازرق , الاخضر , الاحمر , الاصفر , الاسود , الفضى , الحديدى , « jaune, rouge, vert, bleu, noir, argentin, ferrugineux [2]. »

On pourrait croire que notre Arabe aura exagéré le nombre des nuances. Cependant Lucas, dont le nom est bien connu des minéralogistes, dans son article sur le Diamant (*Dict. d'Hist. nat.* Déterv.), parle des diamants colorés et cite les nuances *rose, bleue, verte, jaune,* et parmi les couleurs extraordinaires la *fleur de pêcher, l'hyacinthe,* etc. Brard n'en parle point, mais il en est question dans les *Éléments de minéralogie* de MM. Girardin et Lecocq (I, 121). M. Ch. Barbot, dans le *Guide pratique du joaillier,* page 198, cite quinze nuances différentes pour le diamant, qui partant du diamant limpide, arrivent au noir du jais.

Teifaschi, parlant de « l'état (litt. des propriétés) du diamant dans son essence, dit qu'il porte toujours des angles constants, six ou huit, ou même un plus grand nombre. Les angles circonscrivent des plans, constamment, de figure triangulaire, et quand le diamant se brise, les fragments sont aussi

---

[1] Voir ce que nous avons dit sur la couleur زيتى à l'article de l'yaqout bleu, p. 37, note.

[2] Nous voyons ici les nuances indiquées par Pline, notamment *pallor argenti, siderites, ferri coloris,* lib. XXXVII, xv, le blanc de neige et le brun noirâtre, ou l'opaque des minéralogistes modernes.

toujours triangulaires, quelque petits qu'ils soient. »

من خواصّ الماس فى ذاته ان جميعه ذو زوايا قائمة ستّ
زوايا او ثمان زوايا او اكثر من ذالك واقلّ تحيط بـزواياه
سطوح قائمة مثلثة الشكل واذا كسر فلا ينكسر الّا مثلثا
ولو كسر على اقل الاجزا (Ms. 969 A. F. fol. 184 r°.)
Nos minéralogistes modernes répètent aussi que les
diamants cristallisés en octaèdre offrant une pointe
ou forme pyramidale sont plus estimés et plus recherchés que les autres. Cette forme est indiquée
dans le ms. 879 suppl. arabe, fol. 16 v°. واشكال
الألماس كلها مضرسة مخروطية ومثلثات من غير صنعـة
« Tous les diamants ont un extérieur raboteux pyra-
midal triangulaire (naturellement) en dehors de
tout travail de l'art. » Les peuples de l'Inde appré-
ciaient surtout le diamant limpide et le diamant
jaune, qui jetaient un éclat plus vif et reflétaient
les couleurs de l'arc-en-ciel quand on les opposait
au soleil.

Quant à la nature du diamant, nous trouvons toujours ces théories basées sur les combinaisons des
corps élémentaires que nous avons vues dans notre
article des généralités. C'est l'autorité de Balnius qui
est mise en avant. « Le diamant, dit-il, devait primitivement être une pépite d'or; mais les influences
de la chaleur, l'intervention de l'eau, du soufre et
du sel, ont détourné la combinaison de son but, et
au lieu d'un métal il s'est produit une gemme. Le
diamant est la plus dure de toutes les pierres, il les

attaque toutes par le frottement, sans qu'aucune
d'elles ait d'action sur lui, excepté le plomb, آبار ou
رصاص اسود, qui est capable aussi d'attaquer l'or à
cause de sa nature qui participe du soufre. Pour obtenir ce résultat, on enveloppe le diamant de cire, on
l'introduit dans un tube de roseau, puis on le frappe
avec un marteau de plomb doucement et sans violence et de façon qu'il ne soit point en contact avec
le fer. Ou bien on met le diamant dans un tube de
plomb et on frappe avec une pierre dure, et la frac-
ture a lieu. »

Nous avons rapporté ces assertions pour montrer
une fois de plus les aberrations dans lesquelles l'esprit peut être jeté par des observations mal faites
ou mal racontées. Un fait plus positif, c'est que le
diamant peut entamer et percer le rubis, l'émeraude
et autres pierres précieuses sur lesquelles le feu est
sans action. On obtient ce résultat en fixant à l'extrémité d'un instrument de perforation un fragment
de diamant proportionné au trou qu'on veut obtenir.

On lit dans le ms. 879 suppl. arabe, fol. 16 v° :
جبر الالماس يشبه الياقوت فى الرزانة والصلبنة وعدم
الانفعال على الحديد وقهرة لغيرة من الاحجار وهو شفاف فيه
ادنا بريق «La pierre du diamant ressemble au
rubis pour la pesanteur, la dureté et l'impossibilité
de l'action du fer contre elle, et de prise des autres
pierres sur elle; cette gemme a un éclat qui se rapproche de l'éclair. »

Suivant le *Livre des pierres*, d'Aristote, d'après lequel Teifaschi le rapporte avec plus de détails, on aurait, du temps du philosophe grec, pratiqué la lithotritie avec une tige de fer dont l'extrémité aurait été armée d'un diamant. خواصـه فى منفعـه منها ما ذكره ارسطوطاليس وجرّب فصحّ من أنه من كانت به الحصاة لحادثة فى المثانة وفى بجرى البول ثم اخذ حبّة من هذا الحجر والصقها فى مرود نحاس او فضّـة بمصطكا الصدق محكّما ثم ادخل ذالك المرود الى الحصاة ولفّنها بها فتفتّتت تلك الحبّة الماس الحصاة « Propriétés utiles (du diamant). Parmi ces propriétés, il y a celle qu'a racontée Aristote et que l'expérience a confirmée. Quand une personne est affectée d'un calcul dans la vessie ou dans le canal de l'urètre, si l'on prend un diamant (litt. un grain de cette pierre), qu'on le fixe bien solidement avec du mastic à une tige de cuivre ou d'argent et qu'ensuite on introduise cette espèce de foret vers le calcul, on peut, par un mouvement de torsion imprimé à cet appareil, détruire le calcul. »

On trouve, disent nos Arabes, le diamant dans les mêmes gisements que le rubis, dont il sort comme ce dernier; il est dans le gravier, dans les mines de rubis. On les trouve mêlés ensemble quand les eaux torrentielles et les ouragans les entraînent dans la vallée, ainsi que nous l'avons dit. Vient ensuite une répétition de la manière fantastique décrite dans *les Mille et une nuits* pour l'obtention du rubis à l'aide de morceaux de chair fraîche jetés dans le vallon où gisent les diamants.

Le ms. 879 suppl. arabe, fol. 17 v°, est plus raisonnable dans ses explications : ومعدن الألماس بالقرب من معادن الياقوت فى جزيرة ذات عيون يستخرج من الرمل ويغسل على هيئة غسل دقاق الذهب المعروف بشاوة فيخرج الرمل من المخروطى ويرسب الألماس وتلك المعادن فى المملكة المحاذية لسرنديب وقال ابو العباس النعمان ان معدنه فى سكالا قامرون فى جبل ترابى يغسل عنه ترابه فى السفنة التى تكثر فيه البرون وقال الكندى انه يلتقط من حجار من معادن الياقوت « Les mines de diamant sont dans le voisinage de celles des rubis, dans une île où se trouvent des sources. On le tire du sable qu'on lave de la même manière qu'on lave les particules d'or connues sous le nom de *schâoah* [1]. Le sable s'échappe par une espèce de cône et le diamant reste au fond [2]. Ces mines

---

[1] Le manuscrit porte سأوة, mais nous croyons devoir lire شاوة qui dans les dictionnaires est traduit par *festuca quæ ex puteo eximuntur*, et qui s'adapte assez bien aux paillettes d'or contenues dans le sable.

[2] Ici l'opération du lavage est décrite d'une façon très-incomplète; elle se pratiquait très-probablement d'une manière analogue à celle usitée au Brésil. Le gravier est disposé dans des caisses longues inclinées, dans lesquelles on fait arriver l'eau, d'où elle s'échappe par une rigole de forme conique. C'est aussi la méthode employée pour laver la *galène*, ou plomb argentifère, en Savoie, avec quelques modifications dans les appareils.

sont dans une contrée à l'opposite de l'île de Sérandib (Ceylan). Suivant Abou 'l-Abbas al-Nohman,
les mines de diamant sont à *Sakala-Qâmiroun*[1], dans
une montagne dont le sol est pulvérulent. Cette
terre est emportée par le lavage dans les années
où les orages sont fréquents. Suivant Alkendi, on
extrait le diamant des roches qui servent de gisement aux rubis. »

Ce récit est conforme à celui du voyageur Taver-
nier, qui raconte un procédé de lavage fort analogue
aux procédés usités au Brésil. On connaît ces mines
fameuses de l'Inde, exploitées dans le royaume de
Golconde, de Visapour, entre le Bengale et le cap
Comorin, dont plusieurs sont épuisées aujourd'hui.

Suivant le ms. 879 suppl. ar. le feu n'a point
d'action sur le diamant, c'est même un des moyens
employés pour le distinguer des pierres qui peuvent
lui ressembler. والفروق بينه وبين اشباهه الافعال الّتي
ذكرت وهو ان النار لا تعمل عليه وهو مسلّط على ساير
الاجساد الصلبة « La différence qui existe entre le
diamant et ce qui lui ressemble consiste dans les
effets que j'ai déjà indiqués, c'est que le feu est im-
puissant sur lui, tandis qu'il a prise sur tous les
corps solides. » On sait aujourd'hui que le diamant,
qui est formé de carbone pur, lorsqu'il est exposé à
une haute température, soit à l'aide d'une lentille,
soit à l'aide du feu ordinaire, brûle avec une lumière

---

[1] اسكلة a dans l'arabe moderne le sens d'*escale* dont il paraît la
transcription. C'est peut-être ici le nom d'une des échelles du Levant.

rouge et vive si l'expérience se fait dans le gaz oxygène, tandis que la flamme est bleue quand elle se
fait dans l'atmosphère. (Brard, *Min. appl. aux arts*,
III, 181.)

Nous ne voyons nulle part que les auteurs arabes
aient parlé de la taille du diamant, et cependant ils
ne se font pas faute de nous parler des figures et
caractères talismaniques qu'on pourrait y graver.
Dans aucun livre nous ne voyons mention de diamants avec des inscriptions gravées, pas même sur
le pectoral ou rational du grand prêtre des Juifs,
quoiqu'ils parussent le connaître sous le nom de
שמיר.

Les anciens Grecs et Latins connaissaient le diamant; néanmoins, il n'en est point fait mention
dans Homère. Théophraste en parle comme d'une
pierre incombustible, ἀδάμας ἄκαυστος. (*De lapid.
lib.*[1])

Pline (XXXVII, xv) parle du diamant dans les
termes les plus pompeux: *Maximum in rebus humanis,*

---

[1] On lit en marge du ms. 878, B. I. sup. ar. fol. 23 r°, un passage qui rappelle les propriétés attribuées au diamant par Dioscorides ; c'est que, quand on le porte au doigt, on est préservé de mau-
vais rêves (الاحتلام) et qu'il rend l'acte vénérien stérile. Avicenne
aussi, v° الطلس, 1, 135, cite Dioscorides qui dit que le diamant est
brûlant et putréfiant, محرّق ومعفّن. Nous ne voyons point figurer le
diamant dans les deux éditions de Dioscorides que nous possédons,
non plus que dans la version arabe. Il est à remarquer que le traducteur latin d'Avicenne transcrit le mot arabe par *almésu* et qu'il
ajoute entre parenthèses (*id est smyris*), le confondant ainsi avec
*l'émeril* (trad. lat. 1. 264).

*non solum inter gemmas, pretium habet adamas.* « Le diamant est ce qu'on apprécie le plus, non-seulement entre les pierres précieuses, mais encore dans ce qui fait la richesse parmi les hommes. » Il en signale six espèces : *Genus Indici* (l'Indien) *non in auro nascentis sed quadam crystalli cognatione. Si quidem et colore translucido non differt et laterum sex angulo lævore turbinatus in mucronem aut duabus contrariis partibus, ut si duo turbines latissimis suis partibus jungantur; magnitudine vero avellanæ nuclei.* Cette affinité avec le cristal, sa translucidité, rappellent bien l'espèce appelée *belourî* par les Arabes. Cette cristallisation en cône hexaèdre terminée en pointe a aussi été signalée chez les auteurs arabes[1]. La seconde espèce analogue à la première était le diamant d'Arabie, *arabicus.* La troisième, le *cenchros*, de la grosseur d'un grain de millet, *κέγχρος*, d'où il tire son nom; la quatrième espèce, le *macédonien, macedonicus*, qu'on trouve dans les mines d'or de Philippes et qui est du volume d'un grain de concombre. La cinquième, le cypriote, *cyprius*, ainsi appelé parce qu'il se trouve dans l'île de Chypre, *in Cypro repertus vergens in aerium colorem*, tirant sur la couleur de l'*air*, c'est-à-dire *bleue*, suivant l'interprétation du P. Hardouin (not. 13). Cette espèce rappelle celle أزرق, bleue des Arabes. La sixième, le *siderites*

---

[1] L'hexaèdre n'est point la forme cristallographique habituelle du diamant, c'est l'*octaèdre.* Cependant, dit l'annotateur de Pline (éd. Panck not. p. 332), l'hexaèdre et le cubo-dodécaèdre qui se rencontrent souvent peuvent justifier l'assertion de Pline.

*ferrei coloris*, le siderites couleur de fer, c'est le *ferrugineux*, حديدي des Arabes. Il est plus pesant que les autres, mais il est d'une autre nature. Enfin, ces deux dernières seraient des espèces dégénérées qui ne tiendraient au diamant que par le nom, *degeneres nominis tantum auctoritatem habent.*

Pline rappelle ensuite tout ce que nous avons lu chez les Arabes sur la dureté du diamant, sa résistance au feu et au marteau. Ce n'est qu'avec du sang de bouc récent qu'on en peut triompher, influence qui n'est pas plus vraie que celle attribuée au plomb par Teifaschi. Les petits diamants ou les parcelles adaptées à des forets étaient employés pour la perforation des autres pierres précieuses.

Les anciens connaissaient-ils la taille du diamant? Quelques auteurs penchent vers l'affirmative en s'appuyant sur le passage suivant de Pline : *Obsidianæ fragmenta veras gemmas non scarificant fictitiæ, scarificationes candicantium fugiunt, tantaque differentia est, ut aliæ ferro scalpi non possint, aliæ non nisi retuso, verum omnes adamante. Plurimum vero in his terebrarum proficit fervor* (lib. XXXVII, LXXVI). « Les fragments de l'obsidienne n'attaquent point les vraies gemmes ; celles qui sont artificielles résistent à l'action des pierres blanches. La différence en tout cela est telle que les unes ne peuvent être gravées qu'à l'aide du feu et les autres à l'aide du fer obtus, mais toutes le sont avec le diamant. La chaleur du foret aide beaucoup à l'opération. » On ne voit point qu'il soit question d'autre chose que de la gravure ou de la perforation des pierres à l'aide du diamant, et nullement de la taille de ce dernier.

Les gisements des diamants signalés par Pline sont très-contestables pour les localités, et l'or ou les minerais d'or qui les accompagnent. Il parle de gisements en Éthiopie, entre le temple de Mercure et l'île de Méroé. Or, anciennement, avant la découverte de l'Amérique, l'Inde avait surtout le privilége de fournir cette précieuse gemme; on n'en avait pas signalé dans l'Égypte. Pline semble en revenir à cette idée et contredire ce qu'il a avancé précédemment quand il dit, à la suite du passage qui vient d'être cité : *Gemmiferi amnes sunt Acesinus et Ganges; terrarum autem omnium maxime India.* « Les fleuves de l'Acesinus et du Gange roulent des pierres précieuses; l'Inde est le pays de toute la terre qui en produit le plus [1]. »

Ces mines où les diamants sont associés à l'or n'ont rien de sérieux, puisque ceux-ci se trouvent dans des terrains de transport, souvent désagrégés et à l'état de simple gravier. La roche originaire qui les contenait appartenait aux terrains primitifs (feld-

---

[1] L'annotateur de Pline (trad. Panck.), *loc. cit.* cherche à prouver que ce que le naturaliste romain dit sur les gisements des diamants dans l'Éthiopie est une erreur et doit s'entendre de l'Inde. Tout ce qui est dit du temple de Mercure, de l'île de Méroé, s'applique à l'Inde. Pline aurait été abusé par une altération de noms. Mercure, en grec Hermès, est le *Piroumi* des Égyptiens dont le nom a été confondu avec celui de Brahma. Son temple s'appelle en sanscrit *Brahmaloka,* c'est *delubrum Mercurii* (*Herma locus*). L'île de Méroé, c'est la sainte montagne de *Mérou,* colonne ou axe du monde.

spathiques) ou intermédiaires. (Cf. *Élém. min.* I, 22.) C'est encore une de ces assertions erronées comme on en rencontre si souvent dans Pline.

Nous avons vu que les Hébreux connaissaient le diamant sous le nom de שָׁמִיר. Il est cité plusieurs fois pour le type de ce qu'il y a de plus dur, tel que l'endurcissement du cœur : לִבָּם שָׂמוּ שָׁמִיר מִשְּׁמוֹעַ *ils ont rendu leur cœur (comme) le diamant pour ne pas entendre.* (Zach. VII, 12.) Ce qui est très-remarquable, c'est quand le prophète parle d'un fragment de diamant placé à la pointe d'un burin pour graver profondément. כְּתוּבָה בְּעֵט בַּרְזֶל בְּצִפֹּרֶן שָׁמִיר ( Le péché de Juda ) est écrit avec un burin de fer armé d'une pointe de diamant. » (Jérém. XVII, 1.) Il en est qui veulent rapprocher ce mot du grec σμίρις, *émeril* ou poudre de diamant. (Voy. Gesen. *v° cit.*)

## CHAPITRE IX.

OEIL-DE-CHAT, عين الهرّ.

Cette dénomination s'applique communément au quartz chatoyant. M. Prinsep, dans sa Notice sur les pierres précieuses, affirme que عين الهرّ est évidemment le *saphir chatoyant opalescent.* Cependant les minéralogistes modernes ne paraissent, dans aucun cas, confondre l'œil-de-chat avec le saphir chatoyant. Nous voyons seulement que Brard applique au *saphir astérie* ou *étoilé* le nom de *saphir de chat* des lapidaires. Néanmoins Prinsep, après avoir dit que عين الهرّ est évidemment le saphir chatoyant ou opalescent nommé *astérie*, qui est différent de l'œil-de-chat ou quartz chatoyant, admet que les deux substances peuvent être comprises sous le nom عين الهر; il ajoute cependant que l'explication du phénomène s'applique mieux à la dernière pierre. Du reste, la pesanteur spécifique de l'œil-de-chat qui, suivant Klaproth, varie de 2,125 à 2,660, se rapproche plus de celle du quartz, qui est de 2,640, que de celle du saphir, qui est de 3,990. Ainsi, nous pouvons nous en tenir à la traduction de *quartz chatoyant*, œil-de-chat des lapidaires [1].

La description du phénomène donnée par Teifaschi est complète. هذا الحجر عجيب الشكل وذلك ان الغالب على لونه البياض باشراق عظيم وسائيّة رقيقة شفافة الا انه يرى فى باطنه ذكة تلى الى الزرقة ما هى على قدر ناظر الهرّ لحامل للنور المتحرّكة فى فصّ مقلته على ذلك اللون سوا وتلك الذكة مع ذلك متحرّكة على دوام اذا حرّك الفصّ ظهرت لها حركة الى ضدّ جهة حركته بحيث ان ميل الى جهة اليامين مالت متحرّكة الى جهة اليسار وبالعكس « La constitution de cette pierre est merveilleuse. La nuance qui domine chez elle est le blanc, avec beaucoup de brillant et une eau très-limpide. Mais *quand on examine* l'intérieur, on remarque un point qui passe à une nuance bleue quelconque, précisément

---

[1] Le prix si inférieur à celui des corindons que Teifaschi attribue à l'œil-de-chat prouve bien qu'il ne le considérait point comme faisant partie de cette espèce de gemme.

ce qu'on observe dans le chat dont la pupille de la prunelle est éclairée d'une lumière mobile. Les choses se passent de même pour la nuance de la gemme ; le point bleu est aussi toujours mobile ; ainsi, quand on fait mouvoir le chaton, on voit ce point bleu se porter en sens contraire du mouvement, de telle sorte que, si l'on penche à droite, on le voit courir à gauche, et *vice versa.* »

Si la description du chatoyement est exacte, la cause en était entièrement inconnue à nos Orientaux. Ils ignoraient qu'il est le résultat de la disposition particulière des parties élémentaires ou bien qu'il est dû à la présence de quelques corps étrangers et souvent à l'asbeste (*Elém. min.* I, 2o5). Suivant Léman, l'œil-de-chat serait le résultat d'une combinaison intime du quartz avec la matière de quelque pierre précieuse (*Dict. hist. nat.*). D'après Teifaschi, l'œil-de-chat se serait trouvé avec le rubis et les diamants au milieu du gravier des gisements. Nos minéralogistes modernes admettent deux lieux principaux de provenance : Ceylan et le Malabar. Suivant M. de Bournon cité par Brard (III, p. 262), le quartz chatoyant à reflet blanc bleuâtre, qui est le plus estimé, viendrait du Malabar, et celui qui est verdâtre viendrait de Ceylan. Dans la description qui précède, l'auteur arabe aurait eu en vue la première espèce.

Quatre pierres citées par Pline présentent le phénomène du chatoyement : l'*asteria*, l'*astrios*, l'*astroïtes* et l'*astrobolon* (XXXVII, xlvii, xlviii, xlix, l).

L'*astérie* semble seule réunir les conditions qui

sont dans le texte arabe et surtout le phénomène du déplacement du point lumineux. *Inclusam lucem pupillæ modo quamdam continet, ac transfundit cum inclinatione, velut intus ambulantem ex alio atque alio.* L'annotateur de Pline voit le *girasol* dans cette pierre.

L'*astrios* est aussi une pierre blanche, ainsi appelée parce qu'au centre il y a un point lumineux qui ressemble à une étoile ou bien à la lune en son plein. *Intus a centro ceu stella lucet fulgore lunæ plenæ.* Ici, il n'est plus question de la variation du point lumineux.

L'*astroïtes* est seulement nommée et citée comme très-vantée par Zoroastre.

L'*astrobolon* serait semblable à des yeux de poisson et lancerait des rayons blancs quand il est exposé au soleil.

L'*astrios*, pour ce même annotateur de Pline, serait l'*aventurine*, de même que le *sandaresus* (ch. XXVIII). Mais Lucas (*Dict. Déterv.* v° *Astérie*) dit qu'il faut peut-être y voir le *girasol*, qui est aussi un quartz. Le P. Hardouin, dans ses notes, parle aussi du girasol.

L'*astroïtes* et l'*astrobolon*, suivant le même annotateur, seraient une seule et même chose et devraient s'appliquer au quartz agate œillé.

Boetius de Boot voit dans l'*astroïtes* de Pline l'*oculus ceti*, qu'il considère comme une espèce d'agate ou d'onyx. Nous pensons qu'ici ce minéralogiste a assimilé l'*astroïtes* à l'*astrios* et qu'ainsi il a pris l'un pour l'autre. (*De lapid. gem.* 226.)

Prinsep, que nous avons cité plus haut, dit que

l'*astroïtes*, l'*astrobolon* et le *ceraunia* (*ibid.* 51), paraissent être seulement des variétés du quartz œil-de-chat, ce qui se rapproche beaucoup de l'opinion du savant annotateur de Pline.

Nous ne voyons rien dans Théophraste qui rappelle l'œil-de-chat.

## CHAPITRE X.

### LE BÉZOARD, البازهر et البادزهر.

Teifaschi, dans le texte publié à Florence et dans les mss. 969 A. F. et 878 suppl. ar. de la Bibl. imp. écrit toujours بازهر; le *Kenz al-Tadjâr*, 970, A. F. écrit de même, mais le ms. 879 suppl. ar. écrit بادزهر avec un *dal*. Castel admet cette manière d'écrire; Freytag rapporte les deux orthographes; M. Caussin de Perceval, dans son *Dictionnaire français-arabe*, emploie ces deux mots, بادزهر et بزهير. Suivant Castel, بادزهر viendrait de deux mots persans, باد *bâd*, vent, *ventus*, et زهر *zahr* ou *zihr*, poison, *toxicum; quasi ventus* (*dissipans*) *toxicum.* Teifaschi, de son côté, donne cette étymologie : بازهر

اسم اعجمى اصله فى لغة فارسى مركّب من كلمتين وذلك
اصله باك زهر فباك معناه النظافة وزهر السم فمعناه
بالعربيّة منظّف السم من الجسد فلمّا عرّب اسقطت الكاف
فقيل بازهر « *Bâzhir* est un mot persan, il a son origine dans la langue persane. C'est un composé de deux mots : ses radicaux sont *bâk* et *zihr*, où *bâk* si-

gnifie *mundatio*, purification, et *zihr*, poison. Ainsi, en Arabie, ce mot veut dire *qui purifie* (enlève) le poison du corps. En passant dans l'arabe, le mot a perdu le *káf* et l'on a dit *bazhir*. » D'où vient le mot français *bézoard*.

Le manuscrit n° 879 suppl. ar. fol. 43 r°, rapporte une citation qu'il attribue à Aristote, qui donne une étymologie qui, tout en partant du persan, présente une variante : قال ارسطوطاليس حجر الباذزهر معناه بالفارسية النافى للضرورة « Aristote dit que (le nom) de la pierre de bézoard signifie en persan *qui chasse les angoisses* (*litt.* les nécessités *pénibles*). » Nous avons inutilement cherché cette citation dans le manuscrit arabe du Livre des pierres d'Aristote ; car nous n'y avons trouvé que النافى للسموم *éloignant les poisons*. Aristote ajoute : وهو حجر شريف نفيس لين الجسة. « C'est une pierre distinguée, noble, douce au toucher. » (Cf. Ib. Beith. ms. 1023, fol. 51 v°.)

Le mot باذزهر a été quelquefois pris abstractivement dans le sens d'*antidote* ou de *contre-poison*, comme dans ce passage d'Avicenne où il dit en parlant des vertus du *silphium* : بادزهر السموم كلها = انجدان مشروبا. « C'est l'antidote de tous les poisons pris en boisson. »

Les bézoards jouissaient chez les Orientaux et dans la vieille médecine d'une très-grande réputation. Boetius de Boot, dans sa dernière édition, qui est de 1647 (p. 367), en parle dans le même sens que les Arabes. Mais les progrès faits par la chimie

et les sciences d'observation ont fait justice de toutes
ces prétendues propriétés antitoxiques. La médecine
actuelle ne tient plus aucun compte des bézoards,
soit minéraux, soit animaux. Les premiers ne sont
plus pour les savants que des concrétions calcaires,
et les autres des concrétions souvent biliaires formées
dans diverses parties des animaux, comme nous le
verrons plus loin.

Suivant nos Arabes, il y a deux espèces de bézoards, l'une est d'origine minérale et l'autre d'origine
animale. Le bézoard minéral se trouvait, suivant
Teifaschi, «dans une région limitrophe, entre l'île
d'Ibn Omar et le territoire de Mossoul. On le trouvait là en abondance; on l'employait à faire des
manches de couteau et autres. » بالتخوم بين بلد

جزيرة ابن عمر وبلد الموصل وهو هناك كثير ويوجد منه

حجارة كبارة يتخذ منها نصبًا للسكاكين وغير ذلك

Le ms. 879, f° 42 v°, suppl. ar. est plus explicite :

الباذزهر فهو حجر معدنى على ما ذكره الاوايل ولم يفصلوا

صفاته وعلاماته وانه يفوق للجواهر لانه خصوص بمنفعة

النفس ومنجيها من منالف السموم القاتلة وهو من معدن

بخراسان وله معدن اخر ويوجد بديار مصر فى برّية عبد اب

فى امكان السيول وغيرها كبرًا وصغارًا الوانا كثيرة « Le bézoard est une pierre minérale, suivant ce qu'ont
rapporté les anciens, sans qu'ils en aient bien précisé
les qualités ni les caractères distinctifs. On le plaçait

au-dessus des gemmes à cause de son utilité spéciale
et de son efficacité pour neutraliser les poisons mor-
tels. On tire le bézoard des mines du Khorasan, mais
il y en a encore d'autres gisements. On le trouve aussi
dans des districts d'Égypte, dans la plaine d'Ahidsab[1],
dans les lieux où passent les torrents et ailleurs, en
morceaux gros et petits, de couleurs variées. »

« Il y avait des bézoards translucides, d'autres qui
ne l'étaient pas ; les premiers étaient les plus estimés.
Leurs couleurs étaient variées ; il y en avait de jaunes
et de verts, les uns étaient lisses et d'autres striés. »

وفيه ما يشقّ وفيه ما لا يشقّ وما كان منه شفافًا فهو

أفضل أجناسه ومنه أصفر وأخضر وفيه أملس وما فيه

شطائبًا. L'auteur signale aussi la couleur de la raclure ou poudre qu'on en obtenait, car c'était de
cette poudre qu'on usait particulièrement. (Ms. 879,
*loc. cit.*)

Teifaschi parle encore spécialement « d'un bézoard
qui venait de la Chine ; il était d'un faible volume,
d'un jaune très-foncé, pur, tacheté de petits points
de couleurs variées ; sa raclure était un antidote
contre la piqûre du scorpion, il n'avait guère d'autres
propriétés. » من البازهر المعدني نوع يجلب من الصين

---

[1] عيذاب, cette localité est mentionnée dans Aboulféda. On la
rattache, dit-il, généralement à l'Égypte. C'est une station pour les
marchands et les pèlerins de la Mecque qui s'embarquent à Ahidsab
pour Djedda, qui en est distante de deux degrés. Suivant le géographe
arabe, la position de Ahidsab serait خ (58°) long. ك (21°) lat. (Aboul
féda, texte. p. 120.)

خجار صغار صفر شديد الصفرة سادجة ويبرّش منقطة

نقطا صغارًا بالوان مختلفة ينفع حكاكه من لدغة العقرب

لا غير منفعة يسيرة

Tous ces bézoards minéraux, si vantés dans le moyen âge, étaient des concrétions calcaires variables de couleur et de forme, suivant les conditions minéralogiques et physiques dans lesquelles s'était accomplie la concrétion. Boetius de Boot, cité plus haut, nous apprend que les bézoards étaient formés de couches concentriques. C'est bien là la texture de ces *pisolithes* auxquelles la science actuelle a laissé le nom de bézoard, et parmi lesquelles on range les *Dragées de Tivoli*, si connues des minéralogistes et des curieux, toutes substances inertes et dépourvues de propriétés médicales ou merveilleuses.

« Le bézoard animal semble avoir été le but principal de Teifaschi dans la rédaction de son article. »

فأمّا البازهر الحيواني فهو المقصود بالكلام في هذا الباب.

« Ce bézoard est une pierre légère, peu consistante, de couleur jaune ou cendrée tachetée de points petits comme les taches de rousseur, *vitiligines;* on la trouve formée de couches minces, car son mode de formation est par couches concentriques, superposées. Jamais on ne lui trouve une autre texture. Le bézoard se dissout promptement quand il a été réduit, par le frottement, en poudre qui est blanche. » وهو حجر حفيف هشر أصفر

واغبر منقط نقطا حفيفة كالنمش يوجد طبقات رقاقًا في

أصل تكوّنه طبقة فوق طبقة لا يوجد آلا كذلك وينحلّ

اذا حلّ ومحكّه البياض

Suivant nos Arabes, le bézoard animal serait importé de la Chine et il serait fourni par un animal de la famille des antilopes et une chèvre sauvage, ايل. Trois opinions sont mises en avant sur la manière dont se forme le bézoard dans le corps de l'animal et sur la partie dans laquelle il se trouve.

Suivant la première, le bézoard se formerait aux yeux de l'animal, malade pour avoir dévoré une trop grande quantité de serpents venimeux. Il en résulte une démangeaison dartreuse qui le force à se plonger dans l'eau pour adoucir la douleur qu'il éprouve. Des vapeurs s'élèvent du corps, se portent aux yeux, s'y amassent, se combinent avec l'eau, et quand l'air les a frappées, elles forment des concrétions qui finissent par tomber et qu'on va recueillir.

La seconde opinion, qui ne mérite pas grande confiance, veut que le bézoard se forme dans le cœur de l'animal, d'où on l'extrait.

D'après la troisième opinion, le bézoard se trouve dans la vésicule du fiel de l'animal, où il se forme de la même manière qu'un grand nombre de pierres dans la vessie de beaucoup d'animaux. Il en est qui affirment que lorsqu'on passe le bézoard sur la langue, on lui trouve un goût d'amertume sensible. D'autres disent encore que, *lorsqu'on brise le bézoard, on trouve dans l'intérieur de l'herbe enveloppée par la pierre dont elle est le principe.* أخبرني أنه كسر جزءًا

منه فوجد فيه حشيشة اشتمل عليه الحجر فى أصل تكوّنه.

« Quelqu'un m'a raconté avoir brisé une pierre de bézoard et avoir trouvé dans *son centre* de l'herbe enveloppée par la pierre, qui est le principe de son existence. »

Cette dernière assertion se rapproche des théories admises par la science moderne, qui a constaté que les bézoards sont des concrétions qui peuvent se former dans toutes les parties du corps des animaux, mais que les concrétions formées dans la vessie et dans les reins ont obtenu plus particulièrement le noms de *calculs*. Quand on scie un bézoard par le milieu, on trouve au centre *quelque matière végétale qui a été le noyau ou la base* de la concrétion.

A la suite de ce qui précède, le mss. 969 A. F. de Teifaschi rappelle toutes les pierres ou concrétions qui se produisent dans le corps des animaux, ce qui manque totalement dans le texte publié à Florence, où généralement les articles sont fort abrégés, comme l'avait déjà signalé M. Reinaud dans le premier volume, p. 21, note 7, *Mon. cab. Blacas*.

Ainsi, ce manuscrit parle de la pierre qu'on trouverait dans le corps des petites hirondelles nouvellement écloses, fait rapporté par Dioscorides, l. II, ch. LX; de la pierre ou *calcul* qu'on trouve dans les reins et la vessie de l'homme, dans le ventre des coqs, dans la vésicule du fiel du bœuf, etc. Il ne croit point devoir passer sous silence ces pierres miraculeuses qui passaient pour avoir la propriété de produire à volonté, après certaines préparations, la grêle, la neige et la pluie, et il raconte diverses anecdotes qui s'y rattachent et que nous nous dispenserons de reproduire, dans la crainte d'allonger sans utilité notre travail. Pline également ne parle que de pierres qui se trouvent dans quelques animaux, comme dans la queue du scorpion, dans la vulve et le cœur de la biche; mais rien chez lui ne rappelle le bézoard proprement dit.

## CHAPITRE XI.

LA TURQUOISE, الفيروزج (persan فيروزه).

Suivant Teifaschi et autres auteurs arabes, « la turquoise est une pierre cuivreuse formée de vapeurs de cuivre qui s'élèvent des mines où ce métal existe. » الفيروزج حجر نحاسى يتكوّن من ابخرة النحـاس الصاعدة من معدنه [1]. Cette théorie se rapprochait déjà de la vérité, car les analyses de la turquoise établissent que le cuivre entre dans la composition de

---

[1] On lit dans Ibn-Beithar cette définition : الفيروزج هـو حجـر اخضر تشوبه زرقة وفيه ما يتفاضل فى حسن المنظر وهـو حجـر يصفو الوانه مع صفا الجو ويكنّدر مع كـدورته وفى جـسمـه رخـاوة وليس من لباس الملوك « La turquoise est une pierre verte dans laquelle se mêle une nuance bleue, ensemble qui contribue à la beauté extérieure (du voir). Cette pierre brille quand l'air est pur, elle est terne quand il est sombre. C'est un corps qui manque de dureté. La turquoise n'entre pas dans l'ornement des vêtements des souverains. » (Ibn-Beithar, fol. 295 v°, mss. 1023.)

cette pierre comme élément à l'état de carbonate
ou d'hydrate, suivant les travaux du savant suédois
Berzelius.

On distingue chez les Orientaux deux espèces
de turquoises, « l'une nommé *boushaqi* et l'autre *fadjanadji*. » الفيروزج نوعان بسحاق وفجنجى ولخالص منه

العتيق وهو البسحاق واجوده الازرق الصافى المشرق

الشديد الصقالة المستوى الصبغ وأكثر ما يكون فصوصًا

« Il y a deux espèces de turquoises : la *boushaqi* et le
*fadjanadji*. La *boushaqi* est d'une nuance pure, (la turquoise) de vieille roche. Les pierres les plus estimées
sont bleues, brillantes, d'un poli parfait, d'une nuance
uniforme. La plupart des turquoises qu'on trouve
sont montées en chaton. »

D'où viennent ces mots بسحاق et فجنجى ? Nous
avouons l'ignorer; on ne les trouve point dans les
dictionnaires. Dans les tables d'Aboulféda et d'Édrisi
on ne voit aucun nom de localités auxquelles on
puisse les rattacher. Reineri, en place de فجنجى, lit
لحى *lahy*, et il voit dans ces deux mots des noms
spécificatifs dérivés de noms de villes de la Perse :
*busciak* et *lahi* ou *lahion* que nous avons cherchés
inutilement. Il se livre ensuite, sur l'étymologie de
ces mots, à d'autres conjectures dans lesquelles nous
ne le suivrons point.

Le *Kenz al-Tadjar* lit ابو اسحاق et فجنجى. Nous
trouvons dans une *Notice sur les minéraux précieux
de l'Orient* par M. Prinsep, déjà cité, insérée dans

le *Journal de la Société asiatique du Bengale*, p. 353, que les joailliers de Perse ont deux noms pour désigner les deux espèces de turquoise : ابو اسحقى *abou ishaqi* «le père d'Isaac» et بدخشانى *Badakh-chani*. Ces noms répondraient aux deux espèces de turquoise connues en Europe. L'abou ishaqi serait la *calaïte* des minéralogistes ou *turquoise de vieille roche*. Aussi voyons-nous que Teifaschi la qualifie d'*antique*, عتيقة ; l'autre, la turquoise de *badakhschani*, serait l'*odontalite* ou turquoise de *nouvelle roche*. *Zoolithus turcosa* Linn. *cuprum calciforme ossa animalia ingressum*. Cronst.

La ville de بدخشان est citée par Aboulféda, p. 474, et par Édrisi, t. I, p. 478, avec quelques explications[1]. Suivant Aboulféda, on en tire non point des turquoises, mais «de la lazulite, du cristal de roche et de l'amiante» ويحمل منها اللازورد والبلور وحجر الفتيلة[2] ; et suivant Édrisi on en exporte des rubis d'un rouge vif et d'autres de la couleur des grains de grenade, et beaucoup de lapis-lazuli. Ce qui fait dire à M. Prinsep, dans l'article cité plus haut, que les arguments *ne manquent* point pour prouver que ce qu'on trouve à Badakshan, le *Badakshani*, n'est pas une turquoise, mais le *lapis-lazuli*, avec le-

---

[1] Nous avons déjà, au chapitre du rubis balais, parlé de cette ville et des richesses minérales qu'on en tire.

[2] حجر الفتيلة Litt. «pierre de mèche, de lumignon.» Cette dénomination est curieuse en ce qu'elle établit que, dans l'antiquité, on savait user de l'amiante pour en faire des mèches de flambeaux, comme chez nous on en fait des mèches de veilleuses.

quel on l'aura confondu ; néanmoins les termes du texte sont précis, et M. Prinsep lui-même admet les deux noms comme s'appliquant aux deux espèces de turquoise, opinion à laquelle nous adhérons complétement.

« Ces gemmes, suivant les Arabes, se tirent de l'une des montagnes de Nissapour, d'où on les exporte par toute la terre ; » puis Teifaschi ajoute : « Il y en a une espèce qui se trouve à *Nâschoûre*, mais celle de Nissapour lui est préférable » الغيروزج يجلب من معدن له فى جبل من جبال نيسابور ومنه يحمل الى ساير البلاد ومنه نوع يوجد فى ناشور الّا ان النيسابورّى خير منه. Nous ne comprenons point la distinction de Teifaschi quand nous lisons dans Aboulféda (texte, p. 450) que *Nâschour est le nom actuel de Nissapour,* نيسابور وتسمّى اليوم ناشور. M. Reineri, dans sa note sur ce mot, suppose que Nâschour est un nom altéré ; il propose de lire *Neschïwan,* ville d'Arménie.

M. Reineri lit les noms des deux espèces de turquoise d'une manière différente des manuscrits cités plus haut. Il les appelle بسحاقى *busachia* et لحى *lahaica;* le premier nom est bien évidemment une altération par contraction de ابو اسحاق *abou isahaqi;* quant à la seconde dénomination, nous en ignorons l'origine. Brard, dans sa *Minéralogie appliquée aux arts,* rappelle la transcription de M. Reineri, t. III, p. 393.

Le mss. 879 suppl. ar. fol. 33 v°, diffère des autres dans ses indications ; voici son texte : يجــلــب من اعــال نيسابور وكلّما كان ارطب فهو اجود والختــار مــنـه ما كان من المعـدن الازهري والبوسحاق لانه مسبع اللون صــقــيـل مشرق ثم اللبنى المعروف بشوقام الاسمـانجـون العـمــيـق

« On l'exporte de la contrée de Nissapour, tout ce qui a de la fraîcheur (de la netteté) est le plus estimé. Ce qu'on choisit de préférence est ce qui vient de la mine de Al-azheri et le *bousahaqi* (abou isahaki), parce qu'il a une couleur pleine, qu'il est lisse et brillant ; la *lini* connue sous le nom de *schoûqâm*, d'un bleu céleste foncé. » Ces noms de اللبنى et de شوقام nous sont complétement inconnus. Le premier ne serait-il pas une altération de لبي, que lit Reineri ? Nous ne le trouvons pas davantage.

M. Prinsep cite la mine d'Ansâr, انسار, près de Nissapour comme fournissant les turquoises. Suivant Chardin aussi (t. IV, p. 67) le Nissapour fournit des turquoises, de même qu'une montagne située entre l'Hyrcanie et la Parthide, nommée *Pharis-Koue*[1]. La mine fut découverte sous le roi *Phirouz* ; elle prit de lui son nom, de même que la pierre précieuse.

Il paraît qu'on faisait aussi des turquoises artificielles qui ressemblaient parfaitement aux vraies turquoises, et sans doute à s'y méprendre quand l'expérience manquait. وليس له شبه غير المجون وهو

---

[1] Aboulféda cite la montagne de *Birouz koue*, qui veut dire *montagne bleue* ; c'est un château fort de la région des montagnes du Gaur,

لا يخفى على احد من الجوهريّين وشبهها بنفسبك وهـو لا

« ينسبك ولكنه بنفسه وهو اخفّ من شـبـهـه وزناً » La

(vraie) turquoise n'a point de pareille (parmi les
pierres), sinon celle qui est artificielle; mais celle-ci
n'échappe à aucun des joailliers. Cette dernière
pierre se fond, tandis que *la vraie turquoise* ne se
fond point; mais elle est sujette à se gâter, celle-ci
est aussi plus légère en poids. » (Mss. 879 suppl. ar.
fol. 34.)

Le *callaïs* de Pline (XXXVII, xxxiii) nous paraît
être le فيروزج, la *turquoise minérale* ou calaïte des
modernes; le lieu de provenance, l'Inde particulièrement, en serait une preuve. Cette opinion est
énergiquement appuyée par les causes d'altération
citées par Pline, *l'huile, les parfums et le vin*. Nous
lisons dans Teifaschi, qui le dit d'après Aristote :

ومنها انّه اذا اصابه شى من الدهن افسد حسنه وغـيـّر

لونه و..... وكذلك المسك اذا باشره افسده وابطال لونه

واذهب حسنه.

Cependant cette opinion est combattue par des
autorités bien graves. Saumaise (*Emend. in Solin.*
202) pense que c'est à tort qu'on prend le *calaïs* de
Pline pour la turquoise, car il est le ἴασπις ἀερίζων,

située entre Hérat et Gaznah..... Ibn Sahid dit : « La ville principale
des montagnes de Gaur est *Phirouz gah* وهى الجبل الازرق بيروزكـه
قلعة حصينة دارة مملكة جبال الغور بلاد بين هراة وغزنة ....
قال ابن سعيد جبال الغور قاعدتها مدينة فـيـروزكوه
(Aboulf. texte, ٧٩٤.)

*Iaspis œrizusa*, de Dioscorides (v. 160), parce qu'il a une nuance pareille à celle de l'air (serein). Le P. Hardouin, qui rapporte cette opinion, la partage; suivant Boetius de Boot, c'est l'espèce de jaspe nommée par Pline *borea* (ch. xxxvii). Néanmoins Dioscorides (*loc. cit.*) mentionne un jaspe qui a la couleur de la calaïte, καλαΐνῳ χρώματι προσόμοιος. Ce serait celte espèce qui serait l'équivalent du *callaïs* latin. Lehman, dans son article TURQUOISE (*Dict. Hist. nat.*), dit que le *callaïs de Pline* et le CALLAIEA *d'Isidore sont des pierres transparentes voisines du béryl ou du topazius*, auquel le naturaliste latin la compare. L'annotateur de la traduction de Pline, partant de la définition *e viridi pallens*, dit que c'est une variété du péridot oriental (p. 470).

Il en est encore qui ont voulu trouver la turquoise dans le *thyites* de Dioscorides, Λίθος καλούμενος Θυΐτης γεννᾶται μὲν ἐν τῇ Αἰθιοπία, ἔςτι δὲ ὑπόχλωρος ἰασπίζων « La pierre nommée thyites est produite en Éthiopie; elle rappelle le jaspe par sa couleur verte. » Δύναμιν δὲ ἔχει ἀποκαθαρτικὴν τῶν ταῖς κόραις ἐπισκοτούντων « Elle possède la propriété de guérir les obscurités de la vue. » (Diosc. v. 154.) Nous trouvons effectivement dans Teifaschi que la turquoise employée en collyre est favorable aux yeux.

Hill, dans une des notes qui accompagnent sa traduction du Livre des pierres de Théophraste, cherche à rattacher à la turquoise l'ivoire fossile veiné de noir et de blanc, ὁ ἐλέφας ὁ ὀρυκτὸς ποικίλος μέλανι καὶ λευκῷ. Pour justifier son opinion, Hill soutient que le mot μέλανι, *noir*, doit être traduit par *bleu foncé* (trad. de Théophr. 134, et Théophr. t. I, p. 695, 37). On lit dans Pline : *Theophrastus auctor est et ebur fossile candido et nigro colore inveniri*, traduction littérale du texte grec; mais aucun des commentateurs n'a pensé à appliquer ces expressions à la turquoise.

## CHAPITRE XII.

### LA CORNALINE, العقيق.

La traduction du mot عقيق par « cornaline » ne présente pas le moindre doute. Cette interprétation est généralement admise, mais en réalité c'est un nom générique qui s'applique à un groupe de *quartz-agates* qui se distinguent entre eux par la variété des couleurs.

Teifaschi admet cinq espèces de cornalines : ‎1° ازرق ‎3° ; رطبى وهو احمر الى الـصـفـرة ‎2° ; احـمـر ‎4° اسـود ; ‎5° ابيض.

La cornaline rouge est sans aucun doute le *corneolus* des anciens, le *quartz-agate cornaline* des minéralogistes ou cornaline de *vieille roche, cornaline mâle* des lapidaires. (Brard, *Minéralogie appliquée aux arts*, III, p. 272.)

Ibn-Beithar rapporte le passage suivant, tiré d'Aristote, qui a son importance pour la classification : واحسنه ما اشتدّت حمرته واشرف لونه وفى العقيق جنس اقلها جنسا واشرافا اشبه لونه لـون المآء الـذى

يجلب من الدم اذا لم التق عليه الملح وفيه خطوط بيض
خفية «La plus belle *cornaline* est celle d'un rouge
très-intense, éclatant. Il y a aussi dans le genre antique
une espèce inférieure, mais limpide et dont la nuance
est pareille à celle du liquide (lymphatique) qui se sépare du *sang* sur lequel on n'a pas jeté du sel[1], elle
est marquée de lignes blanches fines. » (Ibn-Beithar,
fol. 273 v°.)

Cette pierre, d'une nuance plus pâle et de
moindre valeur, est sans doute aussi de la classe des
*cornalines femelles*.

Cornaline rouge passant au jaune, simplement
*cornaline*, ou *cornaline femelle*. (*Ibid.* p. 273.)

Cornaline bleue; nous pensons que c'est la *sa-
phyrine Haüyne* des minéralogistes, appelée encore
*latialite*, du Latium où se trouve un de ses gisements.
C'est un composé de potasse et d'alumine silicatées.
Conséquemment elle sort de la famille des quartz.

Cornaline noire; nous sommes porté à voir dans
cette cornaline noire la *sardoine* ou *quartz-agate-sar-
doine*, passant au brun noirâtre *parce qu'on est con-
venu*, dit Brard (*loc. cit.*) de réunir sous la dénomination de *sardoine* toutes les agates dont la couleur
tire sur le brun.

*Cornaline blanche;* c'est, croyons-nous, la calcédoine, qui est communément d'un blanc laiteux,
passant quelquefois au blanc bleuâtre. On y avait
réuni la saphirine. (*Voy. Dict. hist: nat.* Déterv.) On

---

[1] Nous lisons dans le texte d'Aristote : لون ماء لحم « la couleur
de *l'eau de la chair*, etc. » ce qui est plus rationnel.

donne parfois aussi le nom de *cornaline blanche* à la
simple calcédoine. (Brard, *loc. cit.*)

On lit dans le mss. 879 suppl. ar. fol. 40 r° :

واصناف العقيق ثلاثة احمر وفيه الوان مختلفة واصفر وفيه

الوان مختلفة ودهبى وهو احسن الوان الاصفر حـايـل

واللون الثالث اسود والمختار منه ما كان احمر شديد الحمرة

« Il y a trois espèces de cornaline : la rouge, qui
comprend diverses nuances; la jaune, qui (elle
aussi) en comprend diverses; celle de couleur
d'or est la plus. belle des nuances jaunes; enfin
la troisième couleur est la cornaline noire; mais
la plus recherchée de toutes est celle de couleur
rouge vif. » Ce manuscrit ne dit rien de la couleur
bleue, de même qu'il passe sous silence la blanche.
Il cite la couleur jaune et surtout la nuance dorée
dans lesquelles nous pensons trouver la cornaline
orangée et ses nuances passant au jaune clair, que
nous retrouvons sans doute dans la cornaline femelle.

Le même manuscrit mentionne l'action du feu
sur la cornaline en ces termes : مـ نـ ـه.ما كان احـمـر
شـديـد الحمرة واصفر معروف بجمرة وله الشبهاة ..... واذا
دخـل النار صار ابيض « Ce qui dans les cornalines est
d'un rouge très-intense et de ce jaune connu sous
le nom de *roux*[1] et ce qui leur est analogue ......

[1] واصفر معروف بجمرة Nous traduisons par « jaune connu sous
le nom de *roux.* » Nous pensons que c'est en réalité cette nuance
rouge affaiblie par une teinte tirant sur le jaune, ou rouge sangui-

...[1] devient blanc quand il a été exposé au feu. » Ce procédé de l'application du feu pour modifier la nuance des cornalines est bien connu et en usage parmi les joailliers. (Voy. Brard, *Minér. appl. aux arts*, III, 274, et Ch. Barbot, *Guide des joailliers*, 156.)

« On tire la cornaline du Çanâ dans l'Yémen, de l'Inde et du Sinde. On dit même qu'il y en a des gisements dans le pays du Maghreb, connu sous le nom de *pays de Roum* ; mais les plus belles viennent de l'Yémen. » معدن حجر العقيق بصنعا اليمن وله معدن ببلاد الهند والسند وقبيل يوتى به من بلاد المغرب معرفة ببلادة رومية واليمانى افضل من الهندى. (Mss. 879 suppl. ar.)

Boetius de Boot cite l'Inde et l'Arabie comme fournissant des cornalines, et il y ajoute l'Égypte et l'Épire sans doute d'après Pline (XXXVII, xxxi). Aujourd'hui, la plus grande partie des cornalines vient du Japon, ou de la province de Guzarate par Bombay.

La cornaline, dans Pline, porte le nom de *sarda* (XXXVII, xxxi), parce qu'elle fut trouvée primitivement à Sardes ; mais les plus belles venaient de la Babylonie. Ce nom de *sarda* entre dans la composition de celui de la *sardonyx* ou sardoine, qui est une

nolent que Boetius de Boot définit *caro sanguinolenta, sanguinis biliosi vel subcitrini colorem refert.* (*De gemm. et lapid.* II, p. 230.)

[1] Ici se trouvent dans le texte les mots suivants que nous avons retranchés : والذى يتميز عن اشباهه ان شعره كشعرة العود, parce que nous n'en avons pas bien saisi le sens.

gemme différente. Le *sarda* est généralement regardé
comme étant la cornaline. Le naturaliste romain en
signale cinq espèces; trois de l'Inde : la rouge, le
*dionium*, ainsi nommé à cause de son volume, et une
troisième sous laquelle on applique des feuilles d'argent : *rubrum, et quod dionium vocant a magnitudine; tertium quod argenteis bracteis sublinitur.* Les
pierres qui jettent un éclat plus vif sont considérées
comme les *mâles*, et celles qui sont moins brillantes
sont considérées comme les *femelles.*

Dans Théophraste, la cornaline porte aussi le nom
de *sardion*, σάρδιον. Comme Pline, qui l'a peut-être
copié, il dit que la pierre la plus diaphane et la
moins foncée en couleur est la femelle, et celle qui
l'est davantage est le mâle : διαφανὲς καὶ ἐρυθρότερον
καλεῖται θῆλυ, τὸ δὲ διαφανὲς μελάντερον ἄρρεν. (Th.
t. I, p. 694, éd. Schne.)

Pline n'a point confondu la cornaline avec la *calcédoine.* Il en parle dans un chapitre spécial sous le
titre de *carchedonius* (c. xxx), qu'il ne faut pas confondre avec le *carchedonius* dont il a été question au
chapitre des corindons. Si, généralement, on traduit
*carchedonius* par calcédoine, cette traduction n'est
pas admise par l'annotateur de Pline (Trad. Panck.).

Le mot *sarda*, dit Pline, entre dans la composition
de *sardonyx. Sardonyches olim, ut ex nomine ipso appa-
ret, intelligebantur candore in sarda, hoc est, velut car-
nibus ungue hominis imposito et utroque translucido.*

«On entendait par sardoine, comme le nom
l'indique, une couleur blanche dans la cornaline,

c'est-à-dire comme serait l'application de l'ongle humain sur la chair, les deux substances étant transparentes. »

La cornaline paraît avoir été très-recherchée du temps de Pline, tant pour la parure que pour la gravure.

Assez généralement on pense que le mot אדם, nom de la première pierre du pectoral du grand prêtre des Hébreux, doit être traduit par *cornaline*. C'est l'opinion de Rosenmüller (*Das bibl. Mineralreich*, t. I, p. 3o.) Gesenius propose *rubinus* ou *granatum;* mais nous préférons l'interprétation de Rosenmüller, qui d'ailleurs est corroborée par la traduction des Septante, qui porte Σάρδιον.

CHAPITRE XIII.

L'ONYX, جزع.

La traduction de جزع, *djazh*, par onyx ne peut présenter aucun doute. La description des couches de nuances diverses que, suivant la description de Teifaschi, on observe dans cette pierre, s'applique bien exactement à l'onyx, espèce de quartz-agate dans laquelle les couleurs sont disposées par bandes successives dont les bords sont bien tranchés.

Déjà les Arabes trouvaient de l'analogie entre l'onyx et la cornaline; la science moderne les considère l'un et l'autre comme appartenant à la classe des quartz-agates.

Teifaschi admet cinq espèces d'onyx, qui sont

toutes spécifiées seulement par le lieu de la provenance : 1° البقرانّى ; 2° الغروى ; 3° الفارسى ; 4° الحبشى :
5° العسلى [1].

البقرانّى = فهو حجر مركب من ثلاث طبقة حمرا لا
تستنشقّ تليها طبقة بيضًا لا تستنشقّ ويلى البيضًا طبقة
بلوربة تستنشقّ واجوده ما استوت عروقه فى التّخـن
والرقّة وكان سليمًا من الخشونة وفتح التعرّض و وجـود
الاثار فيه « L'onyx de *Boqarti*[2] est une pierre composée
de trois couches (superposées): une rouge, qui n'est
point diaphane ; elle est suivie d'une couche blanche
qui, elle aussi, est mate ; puis vient une troisième
couche cristalline qui est brillante. La pierre la plus
estimée est celle dans laquelle les veines sont parfaitement égales en épaisseur et en finesse, exemptes
d'aspérités, de fissures accidentelles et de choses
étrangères. »

الحبشى = فانه عرق وجهتاه العليا والسفلى سوادتان
كالسبج والوسطى شديد البياض واجـوده ما كان من
استواء العروق على ما وصفنا « L'onyx d'Abyssinie est
veiné, il porte à la face supérieure comme à l'inférieure deux couches noires comme du *jais* ou *jayet*,
tandis que le milieu est du plus beau blanc. La pierre

---

[1] En parlant du poli du corindon, il cite le جزع يامنى, qui n'est
pas indiqué ici.

[2] Le mss. 878 suppl. ar. lit البقرّى et le *Kenz al-Tadjar* porte
البقروى ; nous avons suivi notre manuscrit.

la plus estimée est celle qui est régulière dans ses lignes comme nous l'avons indiqué. »

« Quant aux autres espèces, » Teifaschi dédaigne d'en donner la description; il se contente d'indiquer que « les plus prisées sont celles qui ont le plus beau poli et dont les lignes ont le plus de régularité » واتّما باق

انواعه فاجودها ما اشتذّت صقالته واستوت عروقه.

Le *Kenz al-Tadjar* dit à peu près la même chose; mais le mss. 879 suppl. ar. fol. 38 v°, est beaucoup plus concis, il nous semble même que le texte est incomplet et fautif; nous ne citerons donc que ce qui nous semble le plus clair : طبيع حجر الجزع البيس

والبرد والمختار منه ما كان براقًا صافيًا حسن اللون

متناسب اللون ليس فيه كدورة ولا نكتة املس « La nature de l'onyx est sèche et froide; celui qu'on préfère est lisse, brillant, d'une belle nuance, bien proportionné dans toutes ses parties, on n'y remarque aucune impureté, ni aucun point moins consistant que le reste. »

D'après ce qu'on lit dans les anciens et les modernes, les onyx viendraient de la Chine, de l'Inde, de l'Égypte, de l'Arabie, de la Toscane et de la Sicile. Suivant Boetius de Boot (cap. xci, p. 242), l'onyx se trouve dans l'Inde, l'Arabie, l'Arménie, le Pont, l'Europe et l'Amérique. (Les espèces de cette partie du monde ne sont point comprises dans notre travail.) Ces diverses origines pourraient faire admettre l'opinion de Reineri, qui rapporte à des noms de localités les

noms des espèces de Teifaschi. Ainsi, suivant lui,
بغرّى serait le *boukharin;* mais alors il faudrait chan-
ger l'orthographe du mot et écrire بخارا ou بخارى.
الغروى serait originaire de la province des *Algarves*
en Portugal. الفارسى, originaire de la Perse, العسلى,
dérive tout naturellement de عسل « miel, » est-ce
parce que la couleur jaune pâle du miel domine
dans cet onyx[1]? Reineri y voit au contraire une
dénomination dérivée d'un nom de localité qui doit,
dit-il, se trouver dans l'île du Nil, *Méloe,* ou de la
ville d'Asalea en Palestine. Cette explication nous
paraît très-douteuse, nous ne voyons le mot عسل
employé en géographie que pour désigner la rivière
d'Algésiras *connue sous le nom de rivière du miel,* الجزيرة
الخضرآء — وذهرها يعرف بوادى العسل (Aboulf. p. ١٧٣
texte, et Édrisi, II, ١٧). Peut-être faut-il rapporter
ces noms à des localités de l'Inde, de la Perse ou
du voisinage de la Chine, d'où sont indiqués prove-
nir les onyx, suivant les auteurs arabes.

Quant à l'*ihraqi,* il ne nous paraît pas douteux
que ce nom se rattache à l'Iraq.

Suivant le *Livre des pierres* d'Aristote, « l'onyx viendrait de deux endroits, de la Chine et du Magreb
(l'Afrique); ceux de cette dernière localité sont les
plus beaux » الجزع يوتى به من موضعين وهما الصين وبلاد
المغرب واحسنهما المغربى. Comme on le voit encore
ici, la Chine est toujours indiquée par les auteurs

---

[1] Cette nuance ne nous ramènerait-elle pas à *l'onyx calcaire* ou
*albâtre calcaire?*

arabes pour la production des onyx. Aujourd'hui encore elle est citée pour cet article. L'Égypte doit en fournir aussi, car nous en avons possédé un échantillon qui nous avait été donné par un membre de la Société géologique de France qui avait exploré quelques contrées de l'Égypte.

On lit dans le *Kenz al-Tadjar* que « d'après les savants le nom arabe de l'onyx, جزع, dérive du radical جزع « être triste, » parce que cette pierre engendre la tristesse dans le cœur et que celui qui la porte en collier ou en cachet sent ses idées tristes grandir et qu'il a des rêves affreux, etc. »

قـد ذكر الفلاسفة والحكماء ان الجـزع
انّما يشتنقّ اسمه من الجزع لانّه يولد الجزع في القلب ولذلك
قالوا من تقلّد منه او تختّم كبسرت هومه وراى في منامه
احلامًا رديّة مفزعة الخ

Nous rappellerons un passage très-curieux qu'on trouve dans le *Kenz al-Tadjar*, fol. 65 r°, et qui est resté incomplet dans nos manuscrits de Teifaschi :

وللجزع حجر ليس في الاحجار منه جسمًا لا يكاد يجيب لمن
يعالجه سريعًا ولاجل ذلك اتخذت منه مجاريًا للبينآكيم
الروملية والمائية كي لا تتسع سريعًا وانّما تحسن اذا طـبخ
بالزيت واذا جلى على خشب العشار بالعسل اشرق وانـار

« L'onyx est une pierre dans laquelle il n'y a pas de fragment que ne puisse promptement percer celui qui s'occupe de son poli. C'est pour cette raison qu'on en fait des gorges [1] pour les sabliers et les clepsydres, parce qu'ils ne s'élargissent pas trop promptement. L'onyx acquiert de la beauté quand on le fait bouillir dans l'huile, et, quand on l'a poli sur l'*asclepias gigantea* avec du miel, il devient brillant et éclatant. »

Dans le commerce, on donne le nom d'*albâtre onyx* ou même tout simplement d'*onyx* à l'albâtre calcaire, qui diffère essentiellement de l'albâtre gypseux. Ce nom d'onyx que reçoit cet albâtre lui vient de ce que, comme le véritable onyx, il est sillonné de veines parallèles de nuances de diverses couleurs généralement fort belles. Les deux substances n'ont aucun rapport entre elles, l'une est un calcaire et l'autre une agate. Pline a décrit cet onyx, lib. XXXVI, xii. Il dit que quelques auteurs lui donnent le nom d'*alabastrites*.

Il traite de l'onyx, lib. XXXVII, xxiv. Mais ses définitions sont moins tranchées que chez nos Arabes. Il donne bien à entendre que l'onyx n'est pas d'une seule couleur, qu'on y trouve des teintes diverses

---

[1] بِناكيم Ou lit dans les dictionnaires arabes un renvoi au persan بِنَكان, qui est traduit par *catinus, clepsydra;* or comme nous lisons ici بِناكيم الرـمـليـة والمَائِيَّة, il s'agit nécessairement d'un appareil fonctionnant à l'aide du sable et de l'eau; nous avons donc traduit par *sabliers* et *clepsydres.* مجَارِيًا للبِناكيم (litt. des *passages* pour les *horloges*). Nous pensons qu'il s'agit d'une espèce d'anneau disposé pour le passage du sable ou de l'eau qui tombe de la cavité supérieure dans la cavité inférieure. Cette faible consistance ferait supposer qu'ici encore il s'agit de l'*onyx* ou *albâtre calcaire*.

bien tranchées. Les unes forment dans la pierre des couches superposées, d'autres sont concentriques, décrivant un ou plusieurs cercles blancs. Dans d'autres les cercles se réduisent à des points. Zénothémis, cité par le naturaliste latin, mentionne plusieurs espèces d'onyx : 1° couleur de feu ; 2° noir ; 3° d'un aspect corné ; 4° avec veines blanches concentriques figurant un œil ; 5° avec des veines obliques. *Zenothemis indicans onychem plures habere varietates, igneam, nigram, corneam, cingentibus candidis venis oculi modo, intervenientibus quarumdam et obliquis venis.* Pline ajoute même plus loin que les diverses couleurs du véritable onyx se confondent en une seule avec une harmonie très-agréable aux yeux. *Veram autem onychem plarimas variasque habere venas, omnium in transitu colore inenarrabili et in unum redeunte concentum suavitate grata.* Ces diverses espèces de Zénothémis, nous les trouvons dans la *Minéralogie appliquée aux arts*, III, 277 : l'onyx à couches ondulées ou obliques, l'agate ou calcédoine rubanée des lapidaires rappelle l'onyx à veines obliques de Pline ; l'onyx à veines concentriques et orbiculaires imitant un œil, quatrième espèce du même auteur, sera l'*agate œillée* des lapidaires, l'œil d'Adad, divinité des Syriens, dit Brard. Cette dernière espèce doit être nécessairement l'onyx mentionné par Boetius de Boot (c. xcix, p. 249) sous le nom d'*oculus Beli, seu oculus cati*[1] *et leucophthalmos et*

---

[1] Il ne faut pas confondre cet *oculus cati, œil de chat,* avec le quartz chatoyant.

*triophthalmos* dont Pline traite dans un paragraphe autre que celui de l'onyx ( 71 et 72 ). Ajoutant cependant que le triophthalmos naît avec l'onyx, *cum onyche nascitur,* peut-être faut-il aussi y réunir l'*ægophthalmos* ou œil de chèvre.

Quant aux autres espèces citées par Pline, peut-être faut-il les chercher parmi les calcédoines et les autres espèces d'agates. L'annotateur de Pline semble l'indiquer. En effet, ici comme presque partout, les descriptions présentent de l'ambiguïté.

Théophraste parle de l'onyx en peu de mots, mais bien caractéristiques: τὸ δ' ὀνύχιον μικτὴ λευκῷ καὶ φαιῷ παρ' ἄλληλα. « L'onyx varié alternativement de blanc et de brun. » Hill[1] fait observer que cette définition est peut-être la plus claire qu'on puisse trouver parmi les écrivains de l'antiquité. Le vague qui règne dans les auteurs, l'emploi de ce mot *onyx* pour l'appliquer à deux substances de nature si différente, l'une calcaire (l'albâtre), et l'autre siliceuse, a jeté beaucoup de confusion dans la question. Nous trouvons dans Dioscorides, II, 10, le mot ὄνυξ appliqué à une sorte de coquille aromatique. C'est peut-être ce qui peut nous expliquer pourquoi nous voyons جزع appliqué aussi par le dictionnaire à une coquille — جزع synonyme de الجزار الهيمى *sphærula seu conchula Veneris Jamanica,* Freyt.

Suivant Rosenmüller, l'onyx aurait fait partie des pierres gravées qui ornaient le pectoral du grand prêtre; il portait le nom de יהלם *iahlom.* Gese-

---

[1] *Traité des pierres,* de Théophr. 110, et *De lapid.* t. I, 694, 31.

nius dit, au contraire, que les savants ne sont point d'accord sur la vraie signification de ce mot. (Rosenmüll. *Bibl. Mineralreich*, t. I, 36, et Ges. *Lex. arab.* v° جزع.)

## CHAPITRE XIV.

L'AIMANT, الماغنيطس ou المغناطيس

L'arabe مغناطيس est bien évidemment la transcription du grec Μαγνῆτις. L'aimant est le *fer oxydulé* des minéralogistes modernes, *oxydum ferrosoferricum*. (Berzelius.)

Teifaschi n'indique qu'une seule espèce d'aimant dont la bonne qualité se manifeste par la force avec laquelle il attire le fer et dont la couleur est d'un bleu d'azur foncé, pas trop pesant et restant dans la moyenne.

Le ms. 879 S. A. fol. 46 r°, entre dans quelques détails; on y lit : واصناف هذا الحجر ثلاثة وهي نوع واحد لازوردي ومشروب بحمرة ورمادي منقط بسواد ومنه نوع اخر وهو اسود فيه بصيص يقارب حجر الشماهن « On compte trois espèces de cette pierre (d'aimant), qui sont : une espèce de couleur azurée, nuancée de rouge et de cendré et tachetée de points noirs. Une autre espèce est noire avec des parties brillantes, elle se rapproche de l'hématite. » Nous ne voyons point rappeler la troisième espèce, sans doute oubliée par l'auteur.

Les modernes divisent l'aimant d'après les variétés de sa structure. Ainsi ils ont : 1° l'aimant ou fer oxydulé laminaire granuleux; 2° l'aimant compacte : c'est principalement à cette variété qu'appartient l'*aimant naturel*; 3° l'aimant ou fer oxydulé terreux; 4° l'aimant fuligineux d'un noir bleuâtre tachant les doigts. (*Élém. minér.* Girardin et Lecocq, II, 449.)

Le fer oxydulé ou fer magnétique forme de grands dépôts ou amas dans les terrains anciens; ainsi on le trouve dans le gneiss et le micaschiste et particulièrement dans les roches schisteuses et amphiboliques qui font partie de ces terrains. (*Élém. minér. ibid.*)

Teifaschi parle du gisement de l'aimant en termes insuffisants, et, tout en s'appuyant d'une citation d'Aristote, il rappelle cette fable qu'on lit aussi dans les *Mille et une Nuits,* c'est que près du littoral de l'Hedjaz il existe une montagne entière composée d'aimant, douée d'une telle puissance d'attraction que si un vaisseau vient à passer dans le voisinage, tout ce qu'il peut contenir de fer est attiré violemment et s'envole vers la montagne, comme le ferait un oiseau. Les clous eux-mêmes ne peuvent résister; aussi on emploie des chevilles de bois pour les vaisseaux qui naviguent dans ces parages.

Le *Kenz al-Tadjar* (fol. 67) indique les gisements suivants pour l'aimant : معدنه في جبل فوق الساحل الذى
بحر الحجاز واليمن المدعو ببحر القلزم وقيل ان له معدن بين
بصنعاء اليمن « Les mines de l'aimant sont dans une

montagne qui domine le littoral qui s'étend entre la mer de l'Hedjaz et celle de l'Yémen nommée *mer de Qolzum*. On a avancé encore qu'il existait des mines d'aimant à Çanâ dans l'Yémen [1]. »

Le manuscrit 879 suppl. arabe est encore plus détaillé; il dit aussi que l'aimant de la meilleure qualité est d'une nuance azurée, puis il ajoute : وقيل

اجودة الاسود المشرّب بحمرة ثم للحديدى وقالوا انّ اجود

اجناسة يكون بنواحي ..... من حدود الروم بالقرب من نابلسان

معادن الذهب والفضة وفى قرية حشاش قريب من جبال

فيها معادن فضّة ونحاس وحديد واسرب يوجد فيها

المغناطيس مخورًا يضعف منها ما قابل الشمس ويبقوى ما

كان فى العمق راسيًّا والشمس والهوى ينقص قوته بالتجربة

واقوى ما حكى عن جذبه ان المثل يجذب ثلاثة امثاله

فيضعف وما دون ذلك « Il en est qui disent que le meilleur (aimant) est noir et nuancé de rouge; vient ensuite celui qui est ferrugineux. On dit que les gisements et les aimants les meilleurs se trouvent dans le pays de . . . . . . . [2] sur les frontières du pays de Roum. Dans le voisinage de *Nâblîssân*, il existe des mines d'or et d'argent, et à la proximité de *Haschadji*, dans le voisinage des montagnes, il y a des mines d'argent, de cuivre, de fer, de plomb dans lesquelles on rencontre de l'aimant en roche. La partie qui reçoit l'action du soleil est faible (dans son ac-

---

[1] Nous lisons حضنا pour ضغا, qui n'a pas de sens.
[2] Mot illisible.

tion), tandis que ce qui est dans la profondeur a constamment plus d'énergie. Il est démontré par l'expérience que l'air et le soleil affaiblissent la force de l'aimant. Celui qui possède la plus grande puissance, d'après ce qu'on a raconté, attire trois fois son poids (*litt.* trois fois comme lui), puis cette puissance va en s'affaiblissant. »

Kazwini, en parlant de l'aimant, dit aussi : واجود اجناسه ما كان فيه سواد وشى من حمرة « La meilleure des espèces d'aimant est celle qui est noire avec une teinte rouge. » Cette définition pourrait très-bien s'appliquer à l'*hématite;* c'est peut-être cette raison qui a porté M. Reinaud à traduire مغناطيس par hématite et non par aimant (*Monum. Blacas,* I, 12).

Les Arabes, qui connaissaient mal la nature de l'aimant, paraissent l'avoir considéré comme une substance différente du fer, quoiqu'il en eût primitivement les éléments, comme le prouve ce passage d'Aristote : الاحجار الماغنطيسات كلّها ابتدات فى معادنها

لتكون حديدا فعرض لها الحرّ واليبس فصارت حجارة

الخ « Les pierres d'aimant commencèrent toutes dans leurs mines (à tendre) à devenir du fer, mais des accidents de chaleur et de sécheresse étant survenus, elles passèrent à l'état de pierre. »

Nos auteurs connurent les deux pôles de l'aimant et sa disposition à indiquer le nord et le midi, comme le prouve le passage suivant : ورأيت فيه « J'ai ob-

ولها وجهان الواحد يجذب والاخر يهرب الحديد

servé dans l'aimant une double action (*litt.* deux côtés); l'une attirait le fer et l'autre le repoussait.

Le passage suivant, rapporté par le *Kenz al-Tadjar* (fol. 68 r°), peut fournir un document curieux pour l'histoire de la boussole :

ومن خواصّه ان

رؤساء بحر الشامى اذا اظلم عليهم الجو ليلاً ولم يروا من النجوم ما يهتدون به على تحديد الجهات الاربع ياخذون اناءً مملؤة ماء ويحترزون عليه من الريح بان ينزلون الى بطن السفينة ثم ياخذون ابرةً وينفذونها فى سمرة او قشّ حتى تبقى معارضة فيها كالصليب ويلقونها فى الماء الذى بالاناء ومعدود لهما فتطفوا على وجههما ثم ياخذون حجرًا من المغنيطس كبير ملو الكف او صغير ويدنونها من وجه الماء ويحركون ايديهم دورة اليمين فعندها تدور الابرة على صفحة الماء ثم يرفعوا ايديهم على غفلة وسرعة فان الابرة تستقبل بجهتيها جهة للجنوب والشمال = رايت هذا الفعل منهم عيانًا فى ركوبنا البحر من طرابلس الشام الى اسكندرية فى سنة اربعين وستمابة وقيل ان روّأسا مسافرى بحر الهند يتعوّضون عن الابرة والسمرة شكل سمكة من حديد رقيق بجوف مستعملة عندهم يمكن انه اذا القى فى ماء الاناء عام وسامت براسه وذنبه للجهتين من الجنوب والشمال «Parmi les propriétés de l'aimant, il y a celle qui suit : quand les pilotes de la mer de Syrie sont, par l'obscurité de l'atmosphère, plongés la nuit dans les ténèbres, et qu'ils ne peuvent apercevoir aucun des astres qui leur servent de guides pour reconnaître les quatre points cardinaux, ils prennent un vase plein d'eau qu'ils ont bien soin de soustraire à l'influence du vent en le descendant dans l'intérieur du bâtiment. Ils prennent ensuite une aiguille, ils l'enfoncent dans *un morceau d'une branche* d'acacia[1] ou un brin de paille, de telle sorte qu'elle soit fixée transversalement en forme de croix. On place ce petit appareil sur l'eau qui est dans le vase préparé à cet effet, où il surnage à la surface du liquide. Le pilote prend ensuite une pierre d'aimant d'une grosseur à emplir la main, ou d'un plus petit volume. Il approche cet aimant de la surface de l'eau en faisant faire à la main un mouvement circulaire à droite. Pendant ce temps-là l'aiguille tourne aussi sur la surface de l'eau. Ensuite le pilote retire sa main rapidement et brusquement. Alors l'aiguille fait face à deux points, le midi et le nord. » — « Cette opération, ajoute l'auteur, je l'ai vue de mes propres yeux dans une traversée de Tripoli de Syrie à Alexandrie, dans l'année 640 (de juillet 1242 à juin 1243). On raconte que les pilotes

---

[1] سمرة ou سمر *Mimosa unguis cati.* Forsk. *Flor. Ægypt.* 176. On comprend que, d'après la forme qu'on doit obtenir et pour que l'aiguille puisse traverser, on ne peut prendre qu'une portion de jeune branche.— قشّ, ce mot est rendu dans les dictionnaires de Castel et de Freytag par *genus deterius palmæ, stipula.* Nous avons admis ce dernier sens parce que la paille semble très-bien se prêter à l'opération.

qui naviguent sur la mer de l'Inde remplacent l'appareil de l'aiguille et de l'acacia par une forme de poisson en fer très-mince et creux, préparé par eux de façon qu'il puisse surnager quand on le pose sur l'eau du vase. La tête et la queue de ce poisson de fer indiquent les deux points cardinaux du nord et du midi. »

Nous trouvons ici la description de la forme la plus primitive de la boussole. C'est vers l'époque indiquée ici que communément on place l'invention de la boussole en Europe [1].

Les Arabes connaissaient non-seulement l'aimant qui attire le fer, mais ils attribuaient encore à diverses autres substances minérales ou pierres la propriété d'attirer spécialement divers corps. Ainsi, nous voyons dans le *Livre des pierres*, d'Aristote, et le manuscrit 879 suppl. ar. citer l'aimant de l'or, ceux de l'argent, du diamant, du plomb, de la chair, des cheveux et des ongles. La science moderne ne connaît plus ces prétendus aimants.

---

[1] Le nom de l'inventeur de la boussole et l'époque de sa découverte sont restés jusqu'ici très-problématiques. Assez communément on l'attribue à *Flavio de Groja*, Napolitain qui vivait au XIII° siècle, pendant que les Français occupaient Naples ; c'est par cette raison qu'on plaçait une fleur de lys au pôle nord. Les Anglais veulent aussi l'avoir inventée, se fondant sur ce que le mot *boussole* dérive de l'anglais *boxell*, petite boîte. Le *Roman de la Rose*, en 1181, en parle sous le nom de *marinette*. D'autres en attribuent l'invention aux Chinois. La dernière partie de notre citation arabe, qui parle de l'usage de l'aiguille aimantée sur la mer des Indes, pourrait bien appuyer cette thèse.

Pline s'étend assez longuement sur l'aimant, *Magnes* (XXXVI, xxv). Il en distingue cinq espèces caractérisées seulement par les noms des localités qui les produisent. Il partage aussi cette erreur des anciens qui admettaient dans les minéraux les deux sexes : ainsi il parle de l'aimant mâle et de l'aimant femelle. Les aimants de la meilleure qualité sont ceux en qui la couleur bleue a le plus d'intensité. *Compertum tanto meliores esse quanto sunt magis cærulei*[1]. Ce n'est pas du fer pour lui, mais une pierre à laquelle le fer obéit.

Pline rapporte cette fable qui attribuait la découverte de l'aimant à un berger nommé *Magnes*, qui sentit ses souliers ferrés ainsi que sa houlette en fer attirés et retenus par la pierre sur laquelle il se trouvait. C'est ce qui fit qu'on donna à l'aimant le nom de *Magnes*. Il fut aussi appelé *Heracleon*, pierre héracléenne, du nom d'Héraclée dans le voisinage de laquelle se trouvait le gisement; *Sideritis*, du grec σίδηρος, *fer*, à cause de son affinité avec ce métal. L'hématite, mentionnée par Pline comme ne possédant point la propriété attractive de l'aimant, est une variété d'oxyde de fer comprenant deux espèces dont la rouge acquiert la vertu magnétique quand on la chauffe. Nous parlerons plus loin de l'hématite.

Théophraste, sans prononcer le nom de l'aimant, parle clairement de la pierre qui jouit de la pro-

---

[1] On lit aussi dans le *Kenz al-Tadjar* : اجود المغنطيس ... كان لونه الى اللازوردية اقرب « Le meilleur aimant est celui... dont la couleur s'approche le plus du bleu de la lazulite. »

priété d'attirer le fer : Ἔπειτα καὶ τὸ ἤλεκτρον λίθος
τὸ (γὰρ) ὄρυκτον ὃ (γίνεται) περὶ (τὴν) Λιγυστικήν· καὶ
τούτῳ ἄν ἡ τοῦ ἕλκειν δύναμις ἀκολουθείη. Μάλιστα
δ' ὅτι δῆλος, καὶ φανερωτάτη τὸν σίδηρον ἄγουσα. Γίνεται
δὲ καὶ αὕτη σπανία καὶ ὀλιγαχοῦ. *Deinde etiam succi-
num est fossile in Liguria, cui trahendi facultas similiter
attributa est. Quæ tamen maxima manifesta in lapide
ferrum trahente. Rarus est hic lapis, paucisque in locis
nascitur* [1].

L'aimant Μαγνῆτις, suivant Théophraste, est une
pierre qui a l'aspect de l'argent et qui se travaille
facilement. (*De lapid.* 41.)

Orphée, dans son poëme sur les pierres, parle de
l'aimant avec une certaine étendue, en l'appelant
par son nom, Μάγνης. Il s'occupe peu de sa propriété attractive, mais il parle beaucoup de l'heureuse influence qu'il possède de procurer la bien-
veillance du public à celui qui en porte sur lui et
de prévenir les brouilles, surtout entre les frères.

## CHAPITRE XV.

السنباذج L'ÉMERI, PERSAN سنباده.

La traduction de سنباذج par émeri, pierre à polir, est clairement établie par l'emploi de ce minéral. Suivant Teifaschi, « la génération de l'émeri est
la même que celle du diamant, seulement il lui est

[1] Nous avons suivi le texte et la traduction de Schneider, *De lapid.*
I et II, 29, de même que nous nous sommes aidé de celle de Hill,
p. 110.

inférieur de beaucoup pour la force; il est de la nature du diamant, *mais* dégénéré; une espèce amoin-
drie dans son essence. » يكون السنباذج فى تكوّن الماس
الا انه دونه بكثير فى القوة ومقـصّر عنه الطبع وكانّه نـوع
منه قصر فى كيانه عنه.

On voit déjà que si les minéralogistes arabes font
participer l'émeri à la nature du diamant, les minéralogistes modernes l'ont rangé parmi les corindons et lui ont appliqué le nom de *corindon granulaire* ou *corindon adamantin*, qui est, suivant Brard,
*l'émeri des Chinois*[1]. Le manusc. 879 sup. ar. fol. 52 r°,
entre dans des détails qu'il est utile de connaître :

حجر السنباذج حـرّ رطب والمختـار مـنه ما كان شـديـدًا
ويكون اشـد لونًا لمعانًا من الماسكة واصنافه اتـفـان وهـا
نوع واحد مطبل وحـديـدى وله اشباه كثـيـرة تقارب
لونه وجسمه ولا تبلغ مبلغه والفرق بينه وبين اشباهـه
ان السنباذج اذا حـق بالحـديـد اثر فيه وخـدشـه وقـدح
منه النار ولا يعمـل لـحـديـد فيه شى وهو ياكـل ويوثـر فى
كثير الاحجار واشباهه على خلاف ذلك وحجر السـنبـاذج
يقطع الزجاج قطعًا لا يقطعه غيره وبه يخرط وهو يوتى
به من بلاد الهند من اودية هنـاك وقـد يوجـد فى اعـلا
مصر ايضًا. « La pierre d'émeri est de nature chaude
et humide. Celle qu'on préfère est celle qui est

<hr>

[1] Il ne faut pas le confondre avec *l'émeri rouge*, qui est un grenat.

rude, dont la couleur est plus vive que celle du...[1] Il y a deux espèces d'émeri qui constituent un genre unique : l'un est...[2] et ferrugineux. Il y a beaucoup de substances minérales qui lui ressemblent et qui s'en rapprochent par la couleur et le volume (le corps); mais elles n'ont point la perfection de l'émeri véritable. Une différence (essentielle), c'est que si, avec l'émeri, on frotte du fer, il laisse des traces sur ce dernier et en enlève la surface, il en sort même des étincelles, sans que le fer exerce aucune action sur lui. L'émeri entame ( *litt.* mange) un grand nombre des pierres, tandis que ce qui lui ressemble ne le peut pas. L'émeri coupe le verre comme ne le coupent point les autres corps[3], et il le dépolit (*litt.* lui enlève son écorce). On l'apporte de l'Inde, où on le trouve dans des vallées. On en trouve encore dans la haute Égypte. »

Nous lisons encore dans Teifaschi des détails qui ont leur valeur : «On trouve l'émeri dans l'Inde avec le diamant. On raconte aussi qu'on le trouve sur le littoral de la Chine dans une vallée située dans une île où personne ne pénétra avant Alexandre, qui fit exploiter la mine d'émeri. »—« L'émeri se présenterait dans la mine comme un sable rude au toucher. On en

---

[1] اشد لونا طعاما من المالسكة, *litt.* plus en couleur en éclat que... Nous n'avons pas traduit ce mot المالسكة, qu'on ne trouve dans aucun dictionnaire. Ce passage ni rien d'analogue n'existe dans aucun manuscrit.

[2] Le texte porte مطبيل, que nous ne comprenons pas.

[2] *Vid. infr.* l'explication, p. 156.

trouve qui est aggloméré en pierres de volumes variables (grandes ou petites). Celui qu'on estime le plus forme un gros volume pur (de tout corps étranger). »

يقال أنّه يوجد مع الماس بارض الهند ويذكران الوادى الذى يوجد فيه السنباذج باقصى الصين فى جزيرة فى البحر واحدًا لم يصل اليه قبل الاسكندر الذى استخرجه من معدنه = السنبَّاذج كانه لخشن من الرمل وفيه جارة متجسدة كبار وصغار واوجده الجارة الكبار النقية.

Le *Kenz al-Tadjar* (fol. 70 r°) classe l'émeri d'après les localités d'où il provient; il en fait deux espèces : l'une, la *Sioussi*, qui vient d'une ville bien connue du pays de Roum (l'Asie Mineure), la ville de *Salemia* située dans le quatrième climat; la seconde espèce, la *Nubienne*, est apportée de la Nubie, du Soudan, dont les populations occupent le premier climat.

المعروف منه نوعان احدهما السيوسى وهى مدينة مشهورة ببلاد الروم والسلامية من الاقليم الرابع والاخر الغوى المجلوب من بلاد النوبة السودان اهلها بالاقليم الاول.

Le même manusc. (fol. 70 v°) attribue à Teifaschi des indications que nous ne voyons dans aucun des manuscrits de cet auteur, يوجد مع الماس بوادى ببلاد النوبة وهى لحصبا التى تجرى عليها نيل الديار المصرية وستخرجوها غطاسيهم هناك ببلاد يقال لها العلا بين مدينة اسوان ودنقلة. « On trouve l'émeri mêlé au diamant dans une vallée de la Nubie, formé d'un gravier sur lequel coule le Nil qui arrose les habitations égyptiennes. Il est extrait par leurs *gathasi*[1], dans une contrée dite *al-ahlâ*[2], située entre Assouan (Syenne) et Dongola. »

En parlant des propriétés de l'émeri, notre manuscrit les présente avec des circonstances qui appellent la curiosité. ذكر منافع السنباذج وخـاصّيـتـه اذا ڪحق آكل آجسام الاحجار اذا دلك بها يابسًا ورطبًا بالماء والزيت وفيه جلا شـديد وتنقية الاسنان. «Indication de l'utilité et des propriétés de l'émeri. Quand il est pulvérisé, il attaque (*litt.* il mange) les corps des pierres par le frottement, soit qu'on l'emploie à sec, ou mouillé avec de l'eau ou de l'huile. On obtient avec l'émeri un très-beau poli, il nettoie les dents[3]. »

Aristote, dans son *Livre des pierres*, ne dit rien qui ne soit contenu dans les passages extraits des auteurs arabes. Seulement nous y trouvons ce mode d'emploi de l'émeri : واذا ڪحق وجمع بصمغة تسمّى اللك يجمع جسمه فأى شى دلك به ڪڪله وأكله : « Quand il a été réduit en poudre et réuni en un corps au moyen de la gomme nommée *laque*, et qu'on l'em-

---

[1] غطاسيهم ; ce mot غطاسي ne se trouve nulle part.

[2] علا ; peut-être faut-il lire غلوة , ville citée par Édrisi, 1 , 33 , et située au-dessous de Dongola, ce qui répondrait à l'indication qu'on lit ici.

[3] Nous verrons plus loin, au chap. xx , que l'émeri est employé pour polir l'améthyste et l'émeraude, p. 186.

ploie dans cet état à frotter quelque chose que ce soit, il l'attaque et le ronge. » Ibn-Beithar a un article consacré à l'émeri, dans lequel il répète tout ce que dit Aristote, et dont tout le reste est médical.

Si maintenant nous comparons ces extraits des Arabes avec ce que disent nos minéralogistes, nous trouverons quelques rapprochements à faire qui pourront jeter de la lumière sur nos textes orientaux.

Girardin et Lecocq, dans leurs Éléments de minéralogie, disent que l'émeri se trouve dans diverses localités de l'Europe, principalement dans des îles de l'Orient et de Naxos. Brard, sans parler précisément de la Chine comme possédant des gisements d'émeri, mentionne l'émeri de la Chine comme étant le meilleur et de beaucoup préférable à celui de l'Europe pour la taille des pierres. Il n'est connu en France que depuis 1782. Suivant Thévenot, cité par Brard, l'émeri portait en Chine le nom de *corindon*. Dans l'Inde, dans le royaume de Golconde, il portait le nom de *corind*, et sur la côte de Coromandel celui de *coroum*. Cette dernière citation confirme l'existence des gisements indiens indiqués par les Arabes. On ne cite point chez les modernes l'émeri en compagnie du diamant, mais quelquefois groupé avec de petits cristaux de corindon.

Quant à la couleur, elle serait, suivant Brard, très-variée; on y trouve les couleurs bleue, jaune et rouge comme dans le saphir ou corindon auquel il appartient. Si on indique la nuance ferrugineuse, c'est sans doute à cause du minerai de fer qui souvent accompagne l'émeri. Ce minéral, paraît-il, se confondait avec divers autres corps qu'on distinguait par des procédés empiriques.

L'émeri, dit le mss. 879, *coupe le verre comme les autres pierres ne le coupent point.* Cette remarque curieuse par elle-même ne viendrait-elle point de ce que, parfois, des diamants d'un très-petit volume auraient été pris pour des grains d'émeri? Deux raisons porteraient à le croire : la première, c'est que, l'émeri se trouvant avec le diamant, la confusion pouvait devenir facile, puisque nous avons vu que la couleur du diamant lui-même était variable; ensuite la propriété de couper le verre d'une façon particulière est une de celles inhérentes au diamant. Les quartz et beaucoup d'autres pierres raient le verre, mais le diamant seul le coupe. Il doit cette propriété non pas à sa dureté seulement, mais encore à la conformation curviligne de ses lames et de ses surfaces. (Brard, *Minéralogie appliquée aux arts,* III, 87, et *Élém. de minéral.* I, 126.)

Les Latins ont-ils connu l'émeri? Saumaise se livre là-dessus à une longue et savante dissertation dans laquelle il parle de pierres employées à polir les marbres et les statues, citées par Pline sous le nom de *cotes,* qui étaient produites dans l'île de Chypre, où on les appelait pierres *naxiennes,* et qui furent remplacées par celles de l'Arménie[1]. Saumaise finit

---

[1] «Signis e marmore poliendis, gemmisque etiam scalpendis atque limandis, naxium diu placuit ante alia : ita vocantur cotes in Cypro insula genitæ. Vicere postea ex Armenia vectæ» (XXXVI. v).

par arriver au *smyris*, qui n'est point mentionné par les Latins, mais qui était connu des Grecs. Le laborieux commentateur rapporte plusieurs passages pour appuyer ses assertions; mais nous nous contenterons de citer Dioscorides, qui résume toutes les opinions. Σμύρις λίθος ἐσ7ὶν, ἦ τὰς ψήφους οἱ δαϰ7υλογλύφοι σμήχουσι. *Smyris lapis est, quo annularii sculptores gemmas expurgant.* (Diosc. V, 166, et Salm. *Ex. Plin.* 1101.)

Boetius de Boot veut voir l'émeri dans la troisième espèce d'hématite de Pline, ce qui nous paraît peu exact. (*De gemm. et lapid.* II, 210.)

Théophraste ne dit pas un mot du *smyris*.

## CHAPITRE XVI.

### LA MALACHITE, الدهنج.

En persan دهنه. La traduction de دهنج par « malachite » ne peut présenter aucun doute, comme le prouvent suffisamment les documents que nous trouvons chez les auteurs arabes.

Teifaschi, s'appuyant de l'autorité d'Aristote, dit que la malachite dérive du cuivre, mais que « pendant que la concrétion pierreuse se formait, il s'éleva des vapeurs sulfureuses, qui se produisirent successivement et la pierre fut une malachite ». قال ارسطوطاليس ان

Ce nom de *naxienne* était celui du lieu où la pierre était préparée et livrée au commerce, c'est-à-dire l'île de Naxos. Cette substance devait avoir une dureté approchant celle de l'émeri, si ce n'en était pas; sinon elle n'eût eu qu'une action trop faible sur une pierre aussi dure que le marbre.

النحاس فى معدنه اذا تحجّر ارتفع له بخار من الكبريت المتولّد

فيرتفع ذلك البخار بعضه على بعض ثم انعقد حجرًا فكان

منه الدهنج. Balinous dit la même chose, mais il asso-
cie à la malachite toutes les pierres qui dérivent du

cuivre : قال بلينوس ان الدهنج والـلازورد والـسـادنـة

وجميع الاحجار النحاسيّة انّما ابتدا فى معادنها لـتـكـوّن

نحاسًا الخ « Balinous dit que la malachite, la lazulite,
le *sâdinat*[1] et toutes les pierres cuivreuses commencèrent dans le *sein* de la mine à être du cuivre, etc. »
De même, les minéralogistes modernes considèrent
le cuivre comme le principal élément de la malachite, qu'ils nomment *cuivre carbonaté vert*.

Teifaschi compte quatre espèces de malachite,
spécifiées par les noms des mines qui les fournissent ;
ce sont l'afrandienne[2], l'indienne, la caramanienne,

---

[1] السادنة. Castel traduit ce mot par *hæmatites*, et cite Avicenne,
208, 31. Effectivement, ce mot se trouve à l'endroit indiqué, mais
comme une espèce d'aimant, ce qui ne peut convenir à la pierre
mentionnée ici, puisque l'aimant est de nature ferrugineuse, et qu'ici
nous avons un corps cuivreux. Le lexique persan lit شادنه et traduit
par *nomen medicamenti* et *lapis lenticularis*. Ce serait une sorte de *len-
ticulite* et nullement une pierre ferrugineuse. C'est pourquoi, dans
l'incertitude, nous nous bornons à transcrire le mot.

[2] Les manuscrits de Teifaschi, Reineri, dans le texte imprimé,
et le *Kenz al-Tadjar*, ont tous أفرندى, que nous ne trouvons ni
dans Aboulféda, ni dans Édrisi. Reineri le fait dériver d'un lieu
nommé *Efrand*, dont il ignore la position géographique. Le ms. 870
suppl. ar. lit برىدى, qui ne se trouve pas davantage. Peut être faudrait-il lire أفرجى, qualificatif qui, s'appliquant en général aux
Européens, à l'exception des Grecs, indiquerait ces malachites de la

qui sont les plus belles espèces. اجود انواعه اربعة
الافرندى والهندى والكرمانى والكركى. Teifaschi ajoute
encore : « La malachite la plus estimée est celle qui
est d'une nuance verte très-foncée, semblable à celle
de l'émeraude[1] renommée pour son (beau) vert.
Celle-là surtout est belle sur laquelle on voit des lunes
et des yeux, beaux, rapprochés les uns des autres,
qui est dure, lisse, recevant bien le poli; mais ces
qualités de la malachite pure et noble ne peuvent
guère se trouver réunies que dans l'espèce *afrandi*,
et non dans d'autres. » اجود الدهنج الاخضر المشبع
الخضرة الشبيه اللون بالزمرّد المعروف بخضرة حسنة الذى
فيه اهلّة وعيون بعضها من بعض حسان الصلب الاملس
الذى يقبل الصقالة وهذه صفات لخالص العتيق منه
لا تكاد توجد بجمعة الا فى الافرندى منه لا غير.

Le *Kenz al-Tadjar* dit à peu près la même chose,
seulement il ajoute comme type de comparaison le
*jaspe indien :* التى تقبل الصقالة ويشبه جوهر السيف
الهندى « celle qui reçoit *bien le poli et ressemble au
jaspe indien* qui est vert[2]. »

On lit dans le mss. 879 suppl. ar. حجر الدهنج
وهو حجر رخو شديد الخضرة تلوح فيه زنجارية وفيه

Russie, qui sont les plus belles qui soient connues. — كركى est dérivé de كرك, cité par Aboulféda, p. 246, comme étant une contrée
de la Syrie.

[1] Ibn Beithar lit زبرجد, *béryl*, fol. 160 r°.

[2] L'emploi de سيف pour يسب ou يسفى est signalé par Castel;
on le trouve usité dans ce sens par Avicenne, I, 132, 28.

خطوط سود رقاق جدّا وربّما شابه جمرة حفيفة ومـنـه

الموشى على لون ريش الطاوس والكمـد وقيل انه يـصـفـو

بصفاء الجو ويكدر بكدرته « La malachite est une pierre qui n'est pas dure et qui est très-verte. On remarque en elle la matière du vert-de-gris et des lignes noires très-minces. Souvent il vient se mêler à sa coloration une teinte rouge légère; souvent elle est colorée comme le sont les plumes du paon, avec un mélange de teinte brune foncée. Il en est qui disent que la malachite est brillante quand l'air est pur, et terne quand il est couvert. » La description de la pierre se complète par ce dernier passage. Cette matière à l'état de زنجارية d'æruginositas (carbonate de cuivre), entremêlée de lignes noires et parfois accidentée d'une légère nuance rouge, est tout à fait conforme à ce qu'enseigne la minéralogie moderne.

Aristote, après avoir fait l'énumération des diverses nuances qui colorent la malachite [1], ajoute :

وربّما اجتمعت هذه الالوان كلّها فى حجـر واحـد وذلـك على قدر تكوينه فى الارض طبقة بعد طبقة. « Souvent ces couleurs se trouvent réunies en une seule pierre,

---

[1] La citation d'Aristote faite par Ibn Beithar (fol. 180 r°, ms. 1028 B. J.) présente cette variante : وهو الوان كثيرة فهذه الشـديـن الخضرة ومنه الزيتى ومنه الطـاوسى الخ. « La malachite se présente sous diverses nuances. Il y en a qui est d'un vert très-intense, une autre a la *couleur oléagineuse*, une autre est œillée comme les plumes de paon. » Cette nuance *zeiti* oléagineuse ou couleur d'huile d'olive verte a déjà été appliquée à une espèce de béryl ; il paraît donc assez naturel de la voir ici, puisque la malachite lui a été comparée.

cela en raison de la formation par couches successives dans le sein de la terre. » Ces dernières expressions nous font connaître la théorie de la concrétion
de la malachite sous forme de stalactite ou stalagmite
dans les fissures des filons cuprifères, admise par les
minéralogistes modernes. Souvent aussi des substances terreuses interposées altèrent la masse, lui font
perdre de sa consistance et la réduisent à un assem-
blage affaibli dans sa dureté et sa couleur, connu sous
le nom de *vert de montagne*. C'est peut-être la friabilité
de certaines parties qui a fait dire à Teifaschi qu'il se
trouvait dans la malachite un *manque de solidité,* رخوة.

C'est peut-être à cause de cet état de choses mal
observé et mal décrit que le mss. 879 suppl. ar.
fait l'assimilation de la malachite à la *toutie*, et
qu'il parle de son manque de consistance quand
elle sort de la mine. والهند تزعم انه ضرب من التوتيا

ويكون رخو عند اخراجه من معدنه ثم يزداد صلابة

«On pense dans l'Inde que la malachite est une espèce de *toutie* [1], qu'elle est peu consistante quand

[1] La *toutie*, توتيا, est une substance minérale qui avait peu de
consistance par elle-même et assez usitée dans l'ancienne médecine.
Aristote dit que la *toutie minérale* comprend plusieurs espèces, de
couleur blanche, jaune ou verte. On la trouve sur le littoral de la
mer des Indes et en Chine. On lui assimile le *pompholix* des Grecs
ou *spodion*, Σπόδιον, qui dans Avicenne est désigné sous le mot
سقودوس, altération du grec. Kazwini dit à peu près les mêmes choses
d'après Aristote. M. Caussin de Perceval, dans son Dictionnaire,
traduit *zinc* par توتيا معدنية, la confondant avec la *toutenage*,
substance minérale importée de la Chine, que l'analyse a prouvé
être du minerai de zinc. Boetius de Boot ne parle que de la toutie

elle sort de la mine, et qu'ensuite elle acquiert de la solidité. » On admettra facilement que la malachite décrite ainsi ait pu être confondue avec la toutie verte d'Aristote.

La malachite se trouve, dit Teifaschi, exclusivement là où sont des mines de cuivre, dans la Caramanie, le Sedjestan, en Perse. On la tire aussi de Ghar, ville des Beni Salim [1]; il y ajoute l'Inde et Karak en Syrie. Du reste, « les exploitations de malachite sont nombreuses, et varient en raison de la variation des mines de cuivre » معادن كثيرة مختلفة بحسب اختلاف معادن النحاس. Le mss. 879 suppl. ar. ajoute l'Abyssinie et l'Égypte.

Parmi les gisements des malachites les plus renommées de notre temps, se trouve en première ligne celui de Goumachefské en Sibérie; puis ceux de Hongrie, de Chessy près de Lyon, du Hartz, du Chili, etc.

Pline décrit (XXXVII, xxxvi) la malachite avec une précision qui ne laisse aucun doute. *Non translucet molochites, spissius virens et crassius quam smaragdus a colore malvæ nomine accepto.* « La malachite n'est point translucide. Elle est d'un vert plus foncé et plus prononcé que l'émeraude. Elle tire son nom de (sa res-

---

artificielle préparée avec l'hémalite ou le fer magnétique. (*De lap. et gem.* 458.)

[1] غار لبنى سليم, Ghar des beni Salim. Aboulféda cite deux localités de ce nom : la première, assise sur la montagne de Hire, domine la Mecque, et la seconde, où habita le Prophète avec Abou-Bekr. Beni-Salim est un nom de tribu. (Aboulféda, ٧٨.)

semblance avec) la mauve[1], Μολόχη employé pour
Μαλάχη. »

La malachite, ajoute Pline, est bonne pour faire
des cachets, et il en place le gisement en Arabie.
Teifaschi parle des manches de couteaux et des
vases faits avec la malachite, mais qui, au bout d'un
certain temps, perdent leur poli à cause du peu de
consistance de la matière. Jacob ben Isaac al-Kendi
dit avoir vu une table de malachite du poids de
39 rotls, ce qui est équivalent à plus de quinze
kilogrammes.

Nous ne voyons point que Théophraste ni Orphée
aient parlé de la malachite.

## CHAPITRE XVII.

### LA LAZULITE, اللازورد.

La lazulite est, pour les Arabes, comme la malachite une substance minérale de nature cuivreuse,
modifiée dans sa formation par l'influence du soufre
et de la chaleur. En combinant ensemble les textes
de Teifaschi, du *Kenz al-Tadjar* et du mss. 879
suppl. ar. nous verrons que ces minéralogistes ont
confondu la *lazulite* propre et le *cuivre carbonaté* ou
*azurite*. اللازورد حجر رخو طيني ومنه الصلب واجـود

الشبّه اشراقا واصفا لونًا السماوى المستوى الصبـغ الى

الكحلية ما هو « La lazulite est une pierre peu consis-

---

[1] Sans doute en comparant sa couleur à celle du feuillage de la
mauve.

tante, terreuse. Il y en a une espèce qui est solide ;
la plus belle lazulite est celle qui a beaucoup d'éclat
et qui offre une nuance bien uniforme [1] s'élevant
du bleu céleste jusqu'au bleu foncé du *Kohol* à peu
près [2]. »

Le mss. 879 suppl. ar. fournit quelques autres
indications qui sont bonnes à ajouter à celles qui
précèdent. حجر اللازورد ..... يجب ان يختار منه ما كان
ازرق معتدل وفيه معرض ذهب قوى الجسم صلب ليس
فيه حروسة ولا تغتيت املس الجسم « La lazulite. On
doit choisir celle qui est d'une nuance bleue uniforme, accidentée d'or [3], d'un fort volume et compacte, exempte d'aspérités et de fissures et douce au
toucher. »

Les mêmes manuscrits nous parlent ensuite de
substances minérales qui ressemblent à la lazulite,
avec laquelle on pourrait les confondre, mais elles
n'atteignent point sa perfection, mss. 879 suppl.
لهذا الحجر اشباه كثيرة تقارب لونه وجسمه ولكن لا تبلغ
مبلغه « Il y a beaucoup de choses qui se rapprochent
de cette pierre pour la couleur et la forme maté-

---

[1] Cette uniformité est rare parce que très-souvent la pierre manque
d'homogénéité.

[2] ماهو après un qualificatif indique un diminutif dans la signification. الى كلبة ماهو devrait d'après cela être rendu par : *jusqu'à la
couleur du Kohol un peu faible.* (Sacy, *Gramm.* I, 543.)

[3] ذهب ; ici, l'or a été confondu avec des pyrites de fer de couleur
jaune, comme nous allons le voir. Ce fait est cité par l'abbé Haüy
dans son Traité des caractères des pierres précieuses.

rielle (*litt.* le corps); mais elles n'arrivent point à
sa perfection. »

Viennent ensuite les moyens empiriques de reconnaître ces fausses lazulites. Nous prendrons de
préférence la description donnée par le *Kenz al-
Tadjar*, qui nous paraît la plus claire. والخالص منه

يمتحن بان يوضع قطعة منه على جمرة ليس لها دخان

فيخرج عند ذلك لسان نار من الجمرة منصبغًا بصبغ لازورد

مع ثبوت لون اللازورد على ما هى عليه وهذا امتحان

الخالص من مغشوشه دائما « La vraie lazulite se reconnaît par l'expérience suivante : on place sur des
charbons (allumés) qui ne fument point un fragment de la pierre. On voit alors surgir du charbon
une flamme (langue de feu) de teinte bleue, tandis
que la pierre conserve sa couleur telle qu'elle était.
C'est l'expérimentation constante (la plus sûre) pour
reconnaître la pierre vraie de la pierre fausse. »
Plus loin Teifaschi ajoute : وامتحان اللازورد الخالص

المعدنى.... يكون بالقائه على الجمر كما بيناه فيما سلف فان

ثبت لم ينسلخ فهو خالص وان انسلخ فهو مدلس

« La manière d'expérimenter si la lazulite minérale
est franche, c'est de la projeter sur un brasier (*litt.*
charbon), comme nous l'avons dit plus haut. Si la
pierre résiste sans se fendre à la surface (*litt.* s'écor-
cher), elle est vraie. Si elle se fend, elle est fausse.

Il résulte de toutes ces citations des auteurs arabes

que ceux-ci confondirent la lazulite avec le *cuivre bleu azuré*, ou que tout au moins ils lui attribuèrent une fausse origine, puisqu'ils en faisaient une pierre de nature cuivreuse, tandis que la lazulite ou *lapis-lazuli* est un composé de *soude* et d'*alumine silicatées*, quelquefois renfermant à l'état de mélange seulement du fer sulfuré, qui a été pris, comme nous l'avons vu, pour de l'or. Cette qualification de رخو طينى, « peu consistante et terreuse, » donnée à la lazulite, nous reporte nécessairement au *cuivre carbonaté bleu terreux* ou *pierre d'Arménie* [1].

Le premier procédé empirique décrit par les Arabes pour l'expérimentation de la lazulite rappelle le caractère d'élimination indiqué par Brard (*Min. appl. aux arts*, III, 353). « On pourrait confondre le lapis avec le cuivre carbonaté azuré; mais comme ce dernier noircit très-promptement sur les charbons, et que le lapis y conserve sa belle nuance, on conçoit combien il est aisé de les distinguer l'un de l'autre. »

Le second procédé rappelle celui indiqué par Boetius de Boot, qui veut que la pierre chauffée ne

---

[1] On lit dans Ibn Beithar : الغافقى = واللازورد اشبع لون من الحجر الارمنى وقوته شبيهة بقوة الحجر الارمنى الا ان اللازورد اضعف قوة. Al-Gafaqi. « La lazulite est plus foncée en couleur que la pierre d'Arménie. Ses propriétés sont les mêmes que celles de la pierre d'Arménie, sinon que celles de la lazulite sont plus faibles. » Il dit encore que, suivant quelques savants, « *la pierre d'Arménie est peu consistante* quand la lazulite est une pierre dure » وهذا رخو واللازورد جر صلب. (Ibn Beit. fol. 340 v°.)

se casse point et conserve sa couleur native (*De gemm. et lapid.* 278.)

Léman, dans le *Dict. hist. nat.* Déterv. indique plusieurs substances auxquelles on a donné le nom de *lazulite* à cause de leur couleur, mais qui n'en sont point et qui sont faciles à distinguer.

Le manuscrit 879 suppl. ar. nous apprend que « les Grecs donnaient à la lazulite le nom d'*arminion* ou pierre d'Arménie, comme si on la rattachait à cette partie de l'Asie. » واللازورد يسمّى بالرومية ارمينايون كانه نسبه الى ارمينية.

La pierre d'Arménie, ἀρμένιον ou λίθος ἀρμένιος, fait, dans Dioscorides, l'objet d'un chapitre fort court (V, 105). A la suite en vient un autre (106) qui a pour objet le κύανος, *de cyano sive cæruleo.* Ces deux pierres sont de couleur bleue; l'une est la lazulite et l'autre est le cuivre carbonaté bleu. Laquelle des deux doit être prise pour la lazulite et laquelle est le cuivre carbonaté bleu? C'est une question fort controversée parmi les savants. La version arabe de Dioscorides traduit λίθος ἀρμένιος par ارمينيا وهو لازورد; — pour κύανος, elle donne tout simplement la transcription du nom قواديس. Avicenne parle en ces termes de la pierre d'Arménie : حجر ارمنى حجر فيه ادنى لازوردية ليس فى لون اللازورد ولا فى اكتنازه بل كان فيه رملية ما وربّما استعمله الصبّاغون والنقّاشون بدل اللازورد ولين املس « La pierre d'Arménie a peu des qualités de la lazulite. Elle n'en a point la couleur ni la consistance, elle a au contraire quelque chose de sablonneux (dans la texture). Souvent les teinturiers et les peintres emploient la pierre d'Arménie pour remplacer la lazulite (l'outremer?). Elle est douce au toucher. » Il s'exprime ainsi sur la lazulite : لازورد قوته كقوة لزاق الذهب اضعف يسيرًا « La lazulite a la force de la chrysocolle; un peu plus faible. » (Avic. I, 182 et 199.)

Dioscorides (V, 105), parlant de la pierre d'Arménie, se rapproche d'Avicenne en quelque point : Ἀρμένιον δὲ προκριτέον τὸ λεῖον καὶ τὸ χρῶμα κυάνεον, ὁμαλόν τε ἄγαν καὶ ἄλιθον, εὔθρυβές. Τὰ αὐτὰ ποῖει τῇ χρυσοκόλλῃ. *Armenium præferendum quod est leve colore cæruleo, perquam æquabile, calculorum expers atque friabile. Eadem quæ chrysocolla præstat (sed inefficacius).*

Le même, parlant du cyanos (V, 106), s'exprime en ces termes : Κύανος δὲ γεννᾶται μὲν ἐν Κύπρῳ ἐκ τῶν χαλκουργῶν μετάλλων· ὁδὲ πλείων τῆς αἰγιαλίτιδος ἄμμου εὑρισκόμενος κατά τινας σπηλαιώδεις ὑποσκαφὰς τῆς Θαλάσσης ἥτις καὶ διαφέρει. Παραληπτέον δὲ τὴν σφόδρα κατακορῆ. Καυστέον δὲ ὡς χαλκῖτιν, καὶ πλυτέον ὡς καδμείαν. *Cyanus in Cypro quidem procreatur ex ærariis metallis, at copiosior ex arena littorali quæ quidem, secundum quosdam speluncarum instar excavatas maris suffossiones invenitur qui magis probatur. Eligi debet qui valde saturo est colore. Uritur porro ut chalcitis[1] et lavatur uti cadmia[2].*

---

[1] Χαλκίτις est le *colcothar*. Le colcothar fossile est un *oxyde de fer* : c'est aussi le nom du résidu qui se dépose au fond de la cornue dans la distillation de l'acide sulfurique.

[2] Καδμεία. Cadmie, sans doute naturelle, *zinc oxydé* ou calamine de l'ancienne minéralogie.

Nous avons rapporté ces deux citations *in extenso* pour constater l'analogie qui se trouve entre la définition d'Avicenne et celle de Dioscorides. Elles s'appliquent à une substance minérale bleue, peu consistante, et le médecin arabe dit qu'elle est employée par les peintres. Il est évident qu'il s'agit ici non de la lazulite propre, mais du *cuivre carbonaté bleu terreux* ou *pierre d'Arménie,* qui n'a nullement la solidité de l'*outremer* extrait de la lazulite, et dont la couleur est pâle. Cette substance prend aussi, en raison de son peu de consistance, le nom de *cendre bleue native* et *bleu de montagne.* (*Éléments de minéralogie,* Girard et Lecocq, I, 374.)

Quant au Κύανος ou *Cyanus,* c'est bien évidemment la *lazulite,* qui, comme le disent les Arabes, est d'autant plus belle que sa couleur est plus intense. *On la brûle, on la lave,* expressions qui, sans doute, ont en vue la préparation du *bleu d'outremer.* Léman (*Hist. nat.* Déterv.) fait observer que par l'origine attribuée au *cyanus,* qu'on fait venir de l'île de Chypre, où abondaient les mines de cuivre, on a dû confondre la lazulite avec le *cuivre carbonaté bleu* ou *azurite solide.* Cette erreur se trouve dans Théophraste, qui vivait 371 ans avant l'ère chrétienne, et elle a été répétée par Pline, qui semble avoir tout simplement traduit le naturaliste grec (XXXVII, xxxviii).

Théophraste admet dans le *cyanos* le mâle et la femelle. Le premier est caractérisé par une teinte bleue intense qui est plus faible que dans le second.

Il le fait venir également de l'Égypte, de la Scythie
et de Chypre, et c'est d'après ces localités qu'il établit ses genres. (*De lapid.* § 31 et 55, éd. Schneid.)
Ainsi, dans toute l'antiquité, la lazulite et le cuivre
bleu ont été confondus, surtout quant à l'origine.

Quant à la provenance de la lazulite, Teifaschi nous
apprend que « on la tirait du Khorasan, de la montagne de *Batahâristan*[1], dans un lieu nommé *Hastan*,
en Perse, et voisin des frontières de l'Arménie » :

اللازورد يجلب من خراسان من جبل بطخارستان فى
موضع منه يسمّى حسنتان من ارض فارس قريب منه تخوم
ارمينية. Le mss. 879 suppl. ar. ajoute l'Iran comme
fournissant de la lazulite.

Suivant Théophraste (§ 55), la lazulite vient de
l'Égypte, de la Scythie et de Chypre; celle qui vient
d'Égypte est la plus belle. Pline dit la même chose.

D'après les minéralogistes modernes, cette gemme
vient de la Perse, de l'Anatolie, de la Chine, de la
petite Buckarie et de la Sibérie. Mais on n'en cite
point en Égypte.

La lazulite peut-elle être produite artificiellement

---

[1] Le *Kenz al-Tadjar* lit aussi : من جبل بطخارستان فى موضع منه
يسمّى حسنتان, que nous avons transcrit scrupuleusement; néanmoins, nous pensons qu'il faut lire : من جبل طخارستان فى موضع
منه يسمّى بدخشان « d'une montagne du Thakhâristan, d'un lieu
nommé Badakhschan. » Nous avons vu cette ville citée à l'article
du rubis balais, comme abondante en lapis-lazuli fourni par les
montagnes voisines. (Édrisi, I, 478; Aboulféda, texte, 471.) Le
ms. 879 cite Badakhschân comme fournissant les fragments du plus
fort volume.

et imitée comme gemme? Suivant Pline, il faudrait se prononcer pour l'affirmative, car après avoir mentionné trois espèces de cyanos, il ajoute : *Adulteratur maxime tinctura, idque in gloria regis Ægypti adscribitur, qui primus eam tinxit.* La traduction littérale de ce passage ne présente pas à l'esprit un sens bien clair. En effet, il faudrait traduire ainsi : « Le cyanus est altéré particulièrement par la teinture; ce procédé est attribué à la gloire d'un roi d'Égypte qui, le premier, l'a pratiqué. » Mais le mot *tinctura* est interprété par les commentateurs et les traducteurs par *verre coloré.* Le P. Hardouin dit positivement : *Adulteratur maximè tinctura, vitro scilicet in eum colorem tincto, fusa materia, et colore imbuta cæruleo.* Les traducteurs disent : *Le verre coloré l'imite très-bien et on fait honneur de cette découverte à un roi d'Égypte, qui le premier s'avisa de teindre le verre.* Le P. Hardouin, pour appuyer son opinion, renvoie à Théophraste, que Pline aurait traduit; mais on peut contester l'exactitude de la traduction ; en effet, Théophraste dit : Ἔστι δὲ ὥσπερ καὶ μίλτος ἡ μὲν αὐτόματος ἡ δὲ τεχνικὴ καὶ κύανος ὁ μὲν αὐτοφυὴς ὁ δὲ σκευαστὸς ὥσπερ ἐν Αἰγύπτῳ. « De même que l'ocre rouge est naturel et artificiel, de même le cyanus est naturel ou artificiel comme en Égypte. » Un peu plus loin, Théophraste ajoute : Τίς πρῶτος βασιλεὺς ἐποίησε χυτὸν κύανον μιμησάμενος τὸν αυτοφυῆ. « Celui des rois (d'Égypte) qui le premier fit un cyanus artificiel imitant le naturel (Th. *loc. cit.*). » Or ici, comme le fait très-bien observer Hill (p. 185), Théophraste a cessé

de s'occuper des pierres ; il parle des terres et spécialement de celles usitées en peinture ; aussi Hill n'hésite
point à traduire par pierre d'Arménie (ou azurite),
substance tinctoriale, tandis que Pline ici traite
encore des pierres. Ce passage du naturaliste grec
confirme donc ce que nous avons répété, c'est que
κύανος s'applique à deux substances différentes.

Brard affirme qu'on a essayé de contrefaire la
lazulite sans pouvoir y réussir, et que la pierre artificielle se reconnaît facilement. M. Ch. Bardot, dans
son *Guide pratique du joaillier*, p. 406, dit que le lapis
a été très-heureusement imité, de manière que l'œil
y est trompé [1]. Néanmoins, Teifaschi et après lui le
*Kenz al-Tadjar* admettent que la lazulite peut être
produite artificiellement, car l'un et l'autre, après
avoir indiqué le moyen de fabrication, ajoutent :
وانّما ذكرت هذه الصفة لتعلم ان اللازورد فيه معدنّ
والمصنوع وهو اقبل الاشبيا للغش والتدلّس ويصنع على
طرق كثيرة. « J'ai raconté ce procédé pour que vous
sachiez qu'il y a la lazulite minérale et celle qui est
artificielle. Elle admet toutes les choses qui peuvent
tromper et induire en erreur. On la fabrique de
diverses manières. » Teifaschi ainsi que le *Kenz* ra-
content fort au long le procédé pour obtenir avec
la lazulite et l'adjonction d'autres substances une
gemme artificielle ; mais elle est rouge comme un
rubis, فانك تجد فصوصًا حمرا كانها الياقوت, *vous trouvez*

<hr>

[1] Voy. *Minéralogie appliquée aux arts*, III, 353. Ce traité date de
1821, et le *Guide pratique du joaillier* est de 1867.

*une gemme rouge comme si c'était un yaqout*, qu'on ne peut donner pour une lazulite. Nous ne voyons nulle part qu'il soit question de la préparation du *bleu d'outremer* avec la lazulite. Il est question seulement du lavage de cette pierre au paragraphe qui a sa valeur pour objet, comme nous le verrons.

## CHAPITRE XVIII.

LE CORAIL, المرجان[1], PERS. يسنك.

Les Arabes regardaient le corail comme participant à la fois de la nature de la pierre et de celle de la plante. يكون المرجان متوسّط بين عالمى للجماد والنبات وذلك انه يشبه للجماد بتحجّره ويشبه النبات بكونه اشجارًا نابتة فى قعر البحر ذوات عروق واغصان خضر متشعّنة قايمة « Le corail[2] tient le milieu, dans les choses de ce monde, entre les corps concrétionnés et les *végétaux* ou plantes. Il tient des concrétions par la pétrification, et des végétaux parce qu'il est un arbre qui pousse dans les profondeurs de la mer, pourvu de racines et de branches vertes séparées et droites. » Le ms. 879 sup. ar. fol. 47 r°, porte : المرجان شو دبات يلبت فى البحر باذن الله تعالى فاذا استخرج وفارق البحر تحجّر

---

[1] Nous avons vu précédemment que le mot مرجان était pris dans le sens de *parvæ margaritæ*, ce qui a induit en erreur quelques traducteurs.

[2] Reineri lit dans son texte imprimé : تكون المرجان متوسّط بين الحجارة والنبات وذلك انه يشبه الاحجار بتحجّره ويشبه النبات الخ.

وحصلت له هذه الحمرة..... ويقال له البسّد وهو عروق

دقاق وغلاط مثل اغصان الشجر ويقال ان البسّد اصل لأصله

« Le corail est une plante qui, par la volonté
de Dieu, qu'il soit exalté, pousse dans la mer. Quand
on l'en retire et qu'il s'en sépare, il se pétrifie et il
lui survient cette couleur rouge..... On l'appelle
*al-boussad*, mais c'est le nom des racines déliées ou
grosses qui ressemblent aux rameaux des branches;
on a dans l'origine appliqué ce nom à la base (de la
plante corallienne). » Nous passerons sous silence les
théories erronées par lesquelles les naturalistes anciens prétendaient expliquer l'existence du corail,
théories qui ont eu cours jusqu'à ce que Peyssonnel,
qui vivait au commencement du siècle dernier, fit
connaître la nature du corail en prouvant que c'était
un madrépore, œuvre de polypes marins.

« Le corail se trouve en Afrique dans un lieu appelé le port de Mers el-Kharaz[1], on le trouve aussi
sur le littoral de la mer d'Europe[2], où il est moins
abondant et moins beau que dans la première localité. De là on le transporte dans l'Orient, l'Yémen,
l'Inde, la Chine, enfin par toute la terre. Nulle
part on ne le trouve aussi abondamment qu'à Mers
el-Kharaz ». معدن المرجان بافريقية بموضع منها سمّى

مرسى لخرز ويوجد ايضا بـبحـر الافـرنـجـة الا ان الاكـثـر

---

[1] Le port d'Al-Kharaz (port la Calle) est dans le voisinage de Bone.
(Édrisi, I, 275, cité par Aboulféda à l'article de Badjaiah, p. 137.)

[2] الفرنجة Nous traduisons par l'Europe, parce que la pêche du corail se fait plus spécialement sur des côtes étrangères à la France.

والاجود يمرسى للخرز ومنه تجلب الى المشرق والى اليمن والهند والصين وساير البلاد ولا يوجد بموضع من المواضع كما يوجد منه بمرسى للخرز فى الكثرة والجودة . Voilà ce que dit Teifaschi suivant le ms. 879 supplément arabe. « Le corail de la plus belle nuance se trouve dans la mer qui baigne le littoral de l'Espagne et dans le voisinage. On le trouve aussi dans quelques mers comme la mer de Thor, celle de Qolzum et la mer de l'Hedjaz (mer Rouge). » ولا يوجد هذا الجهر بالغنًّا كامل الصبغ الا فى بحر سيف الاندلس وما والاها

وفى بعض البحار وبحر الطور والقلزم وبحر الحجاز

Nous trouvons des détails curieux sur la pêche du corail dans Kazwini, à l'article مرجان ; ils nous apprennent qu'alors comme aujourd'hui les procédés étaient à peu près les mêmes et que l'instrument principal de pêche avait la forme d'une croix qu'on chargeait d'une pierre pour la faire plonger dans les profondeurs de la mer. Édrisi parle aussi de la pêche du corail, mais plus brièvement (Trad. Jaubert, I, 267).

Pline (XXXII, 11) traite du corail, qu'il appelle *curalium*, en rapportant toutes ces fables que les anciens débitaient sur ce madrépore. Il le présente comme un arbrisseau à tiges vertes, produisant des baies vertes et molles qui se pétrifient, rougissent aussitôt qu'elles sont sorties de l'eau et deviennent pareilles à des cornouilles. Les pêcheurs le couvrent d'un filet et le coupent avec un instrument tranchant. C'est de là que lui vient son nom de *curalium*. *Aiunt tactu protinus lapidescere si vivat. Itaque occupari, evellique retibus aut acri ferramento præcidi. Qua de causá curalium vocitatum interpretantur.* « On dit qu'à peine a-t-on touché le corail il se pétrifie quand il est vivant. C'est pourquoi on l'enveloppe avec des filets, on le tire en le coupant avec un fer tranchant. C'est ainsi que l'on explique pourquoi on lui a donné le nom de *curalium*. » Le P. Hardouin, dans sa note sur ce passage, explique ainsi l'étymologie de ce mot : ὅτι ἐν ἅλι κουρεῖται, *quoniam in mari tondetur*, ou plus simplement κουρὰ ἁλός, *rasura maris*, *koura alis*, duquel se déduit facilement le nom de *corail*[1].

Théophraste parle du corail pour l'assimiler au saphir, à l'hématite et autres, en ces termes : Τὸ γὰρ κουράλιον (καὶ γάρ τοί Θ' ὥσπερ λίθος) τῇ χρόᾳ μὲν ἐρυθρὸν, περιφερὲς δ' ὡς ἂν ῥίζα, φύεται δὲ ἐν θαλάτῃ. « Car le corail, qui est comme une pierre, est rouge, rond comme une racine : il croît dans la mer. » (*De lapid.* 38.) Orphée, dans son poëme grec sur *les Pierres*, s'étend fort au long sur le corail, il rapporte ce que nous avons lu plus

---

[1] Ovide dit aussi la même chose du corail :

> Curaliis eadem natura remansit ;
> Duritiem tacto capiant ut ab aere, quodque
> Vimen in æquore erat fiat super æquora saxum.

« La même nature est restée aux coraux ; ils acquièrent de la dureté par le toucher et l'action de l'air. Ce qui était un osier sous l'eau devient rocher à la surface ». (Ovide, *Métam.* IV, 749.) Le commentateur dit que les Grecs écrivaient anciennement κουραλία et κουράλλα. Il est curieux de voir qu'Ovide, comme Pline, écrive *curalium*.

haut sur sa croissance dans la mer et sa pétrification dans l'eau.

Dioscorides a consacré un chapitre au corail que quelques-uns appellent *lithodendron*. Il rappelle les fausses théories des anciens que nous venons de voir. Il dit qu'il se trouvait en abondance au promontoire de Syracuse appelé *Pachynum*. (Diosc. V, 139.)

## CHAPITRE XIX.

السبج *AL-SABADJ*, JAYET OU OBSIDIENNE.

السبج *al-sabadj*. Ce mot est traduit dans le dictionnaire de Freytag par *conchulæ, sphærulæve nigræ*. Dans le dictionnaire heptaglotte de Castel, on lit la même interprétation, à laquelle le lexicographe a ajouté: *vel pro eo ACHATES*. Le mot persan شبه, qui est donné comme synonyme de سبج, est suivi de plusieurs significations diverses. شبه *schabah, minerale fulvum æri simile, æs caldarium, orichalcum, ex ære et stanno. Corallium adulterinum aliquod nigram conchulæ nigræ, sphærulæve vitreæ.* Le dictionnaire renvoie ensuite à شوه rendu par *lapis niger, exteriori forma nobilis, at pretio ignobilis.* « *Schawah*, pierre noire d'un bel extérieur, de peu de valeur. »

Cette interprétation de *conchulæ* ou *sphærulæ nigræ* n'a pour nous aucune valeur, à moins que nous ne voulions y voir l'indication des petits bijoux taillés avec la pierre du *sabadj*. Ce qui nous intéresse davantage, c'est l'interprétation du mot *schava*, « pierre noire. »

Le texte de Teifaschi dit que le sabadj est une pierre de la nature du plomb, السبج من الاحجار الرصاصية. « Le plus beau est celui qui vient de l'Inde ; c'est une pierre d'un noir extrêmement foncé, dans laquelle on n'observe aucun affaiblissement de nuance. On y voit sa figure comme dans un miroir. Cette pierre est brillante, elle a peu de consistance, elle est très-fragile. » اجوده الهندى وهو حجر اسود شديد السواد ليس فيه شفوف سوى انه يرى الوجه كالمرآة برّاق رخو شديد الرخاوة ينكسر سريعًا

Nous sommes donc en présence d'une substance minérale pierreuse, noire, susceptible d'un poli assez parfait pour qu'on en puisse faire des miroirs ; mais cette substance est très-fragile. L'obsidienne et le jayet possèdent ces caractères ; l'un et l'autre sont du plus beau noir, prenant un très-beau poli qui leur permet de réfléchir les objets ; tous aussi sont taillés et employés pour faire des bijoux et des parures de toutes espèces ; ce sont, sans doute, les *sphærulæ nigræ* des dictionnaires, comme nous l'avons dit plus haut.

Il y a une raison qui nous paraît militer en faveur de l'*obsidienne*, c'est qu'elle était très-connue du temps de Pline, qui nous apprend (XXXVI, LXVII) que cette pierre tirait son nom d'un certain *Obsidius*, qui l'avait trouvée en Éthiopie ; on l'employait à faire des objets d'ornement et même des statues.

L'obsidienne est un produit volcanique, qu'on peut donc espérer trouver dans les terrains volca-

niques. Or, comme il y a des volcans éteints en
Éthiopie, il n'est point étonnant, dit Brard, qu'il s'y
trouve de l'obsidienne (t. III, p. 364).

Suivant Teifaschi, « le sabadj vient de l'Inde et de
la Perse. » السبج يونى به من موضعين احدهما الهند
والاخر بلد فارس. Aristote, et après lui Kazwini, « font
aussi venir cette substance minérale de l'Orient, de
l'Inde et des contrées voisines. » هذا الحجر يوتى به من
بلاد المشرق الهند وما تاخمها.

Nous trouvons dans le ms. 879 suppl. ar. sous
ce titre : حجر السبج, la description d'une substance
qui ne peut être que le *lignite* ou le *jayet*. Nous
transcrivons le passage intégralement : القول على حجر
السبج اسمه بالفرسية شبه وليس هو من الجواهر حالك
صقيل رخو تاخذ النار فيه وقيل انه يشعل اذا حميته
ويفوح منه رائحة النفط تدلّ بذلك على دهانية انه نفط
مستحجر مشابه الاحجار السود الذى يستحجر بها التأثير
بفرغانة ثم يستعمل رمادها فى غسل التياب وذلك
انه بفرغانة عمود للجبل الذى يرتفع منها الزفت القبير
والنفط والموم الاسود الّ انه المحرق منه بفرغانة كانه عكر
النفط وضر السبج امّا المختار منه فعدنه بالطابران من
طوس تعمل منه المرايا والاوانى ويوجد فى ارض ندية من
تراب اسود منتن. — « Exposé sur la pierre de sabadj
(lignite ou jayet[1]). Son nom en persan est *schabah* ;

---

[1] موم أسود litt. *cire noire*. Cette substance doit nécessairement être
de nature bitumineuse ou asphaltique du même genre que les قير,

12.

elle ne fait point partie des pierres précieuses. Elle est très-noire, lisse, peu consistante (facile à briser), elle est combustible et s'enflamme quand on l'expose à la chaleur; il s'en dégage une odeur de naphte, ce qui dénote une nature huileuse et de plus que c'est le naphte lui-même passé à l'état de pierre. Le sabadj, dans cet état, ressemble à ces pierres noires avec lesquelles on empêche les influences astrologiques dans le Ferganah [1]. On emploie les cendres du sabadj (brûlé) pour le nettoyage des vêtements (ou étoffes). Ces *pierres noires* sont la base de cette montagne du Ferganah de laquelle s'élèvent (vers la surface) du bitume, de la poix, du naphte et de l'asphalte. Les résidus de ce qu'on brûle au Ferganah ressemblent (après la combustion) à un résidu de naphte ou une crasse du sabadj. Le meilleur, celui qu'on préfère, se tire de Tabiran au pays de Thous [2]; on l'emploie à faire des miroirs et des vases, il a

نفط, et زفت. Avicenne distingue deux espèces de *moum*, « celui qui est clair et dont sont formées les alvéoles des abeilles » الموم الصافى هو جدران بيوت النحل, « et le *moum noir*, qui est la crasse des ruches » الموم الاسرد هو وسخ كوايرة. (Avic. I, 208.) Cette définition ne peut s'appliquer à ce passage, peut-être faut-il lire موميا, *pisasphalte*?

[1] فرغانة Ferganah, nom d'une contrée du Turkestan très-montueuse et qui abonde en minéraux précieux et en charbon minéral ou lignite. Cité plusieurs fois par Édrisi, t. I, trad. et par Aboulféda, texte, 502.

[2] طوس est une contrée du Khorasan vers laquelle s'étend un rameau de la chaîne du Ferganah. Dans cette contrée se trouvent plusieurs petites villes parmi lesquelles est طبران *Tabiran*. (Édrisi, I, 337, et Aboulféda, 450.)

son gisement dans un terrain humide dont le sol est noir et exhale une mauvaise odeur. »

Il est impossible de ne pas voir que l'auteur a eu en vue le lignite bitumineux et particulièrement le *jayet* ou *jais*, le *Gagatkohle, schwarzer Bernstein* des Allemands. Nous trouvons ici les caractères généraux des lignites, qui sont : une matière noire sans éclat, charbonneuse, quelquefois cependant assez dure pour être travaillée au tour et polie, s'allumant et brûlant facilement avec flamme, avec une fumée noire et accompagnée d'une odeur bitumineuse donnant un charbon semblable à la braise et une cendre analogue à celle du bois (*Élém. de min.* II, 194).

Le *jayet* ou *jais* est d'un noir brillant et vitreux dont l'intensité est passée en proverbe. Il renferme comme tous ses congénères du bitume qu'on peut enlever par la distillation. Cet aspect brillant et vitreux qu'il possède explique bien la possibilité d'obtenir de cette substance polie des miroirs, comme on en obtient de l'obsidienne. Les textes de Teifaschi et celui du ms. 879 suppl. ar. attribuent, chacun de leur côté, aux substances décrites la même action bienfaisante sur les yeux fatigués et la vue affaiblie par l'âge, soit qu'on les emploie comme collyre ou qu'on tienne les regards constamment fixés sur une plaque de ces substances. اذا بلّ بالمآء وحكّ واكتحل به قوى النظر للشيوخ والذين لحقهم الهرم الكبير وينفع المآء الغازل من العين والانتشار ومن ادمن البصر اليه قوى بصره. — « Le sabadj réduit en poudre (raclé),

imbibé d'eau et employé comme collyre, fortifie la
vue des personnes âgées et que la vieillesse a atteintes; il préserve de la cataracte et de la chute
des cils. La vue se fortifie en restant constamment
fixée sur le *sabadj*[1]. »

En résumé, si d'après les descriptions de Teifaschi le mot *sabadj* doit, suivant Brard, s'appliquer
à l'*obsidienne*, néanmoins, d'après le texte du ms. 879,
on peut très-bien aussi l'appliquer au *jais* ou *jayet*.

Le basalte dont parle Pline (XXXVI, xi) semblerait pouvoir aussi se rattacher au sabadj. Néanmoins
nous ne le pensons pas, car la texture de ce basalte
est d'un aspect mat et d'une nuance plutôt sombre
et noirâtre que noire en réalité, puisqu'elle se rapproche de celle du fer[2]. D'un autre côté, ce basalte

---

[1] On lit dans Ibn Beithar un passage qui concorde bien avec ce
qui précède : سبج هو حجر يوتى به من الهند وهو اسود شديد
السواد براق شديد البريق وهو ينكسر سريعا وهو بارد يابس
نافع فى الاكحال اذا وقع للعيون يمسك البصر ويقويه واذا اتخذ
منه مراة نفع من ضعف البصر الحادث من الكبر الخ « Le *sabadj*
est une pierre qu'on tire de l'Inde; elle est d'un noir très-intense et
très-brillante : elle se brise facilement; elle est froide, sèche, utile en
collyre; quand l'œil se repose dessus, la vue prend de la vigueur et
de la force. Les miroirs qu'on en fait guérissent de l'affaiblissement
de la vue causé par la vieillesse. »

[2] *Invenit eadem Ægyptus in Æthiopia, quem vocant basalten, ferrei
coloris atque duritiæ. Unde nomen ei dedit.* « Cette même Égypte a
trouvé en Éthiopie cette *substance* qu'on appelle *basalte*, qui a la
couleur et la dureté du fer, ce qui lui a fait donner le nom qu'elle
porte. » Ainsi, basalte serait un synonyme de *ferrum;* or nous trouvons en hébreu le mot בַּרְזֶל *barzel, fer,* qui peut rappeler *basalte,*

de Pline, dont parle aussi Strabon (xvii), n'est point
la lave basaltique des modernes, mais, dit Faujas
de Saint-Fond, un véritable granit à grains très-fins,
ce qui rappellerait pour la texture le basalte grani-
toïde, auquel il peut passer. (Voy. *Dict. hist. nat.*
Déterv. v° *Basalte*, p. 378.)


## CHAPITRE XX.

جمشت, L'AMÉTHYSTE (QUARTZ).


جمشت[1] est traduit dans le dictionnaire persan
de Castel par *gemma cærulea deterioris generis*, etc.
Freytag traduit tout simplement par *améthyste;* nous
admettons cette traduction en l'appliquant à une
espèce de quartz. Brard voit l'espèce d'améthyste qui
nous occupe dans le *benefesch*. Nous nous permet-
trons de douter de l'exactitude de l'interprétation;
nous croyons, au contraire, que ce mot doit s'appliquer au *zircon*, comme il a été dit plus haut.

Suivant les Arabes, l'améthyste est de nature ferru-

en tenant compte des altérations qu'éprouvent les mots en passant d'une
langue dans une autre. C'était aussi l'opinion de mon savant ami
Munk, de regrettable mémoire; il pensait que ce lit de fer du roi Og
dont parle la Bible ne pouvait être qu'en basalte.

[1] Ce mot est lu aussi جمس. On trouve dans Freytag جمست et
جمشت. Dans le dictionnaire persan de Castel on lit جمست, dont la
prononciation serait *djamast* ou *djamsat*. Nos manuscrits lisent
جمشت. Le manuscrit 879 porte même comme synonyme جمر
الخمر ويقال القمر الجمشت =. Reineri lit جمشت, lecture que nous
avons adoptée.

gineuse [1]; des accidents survenus pendant son agré-
gation l'ont empêchée d'être un fer métallique. Ils
en distinguent quatre espèces ou variétés caractérisées par la différence des couleurs. Ainsi on lit
dans Teifaschi : الجمست اربعة انواع اولها وهو اجودها
ما اشتكّت ورديته وسماويته معًا وهو اثمنه ويليه ما
اشتكّت ورديته ونقصت سماويته ويليه ما اشتكّت سماويته
ونقصت ورديته ويليه وهو ادونه وادروة واقله ثمنًا ما
ضعفت سماويته ونقصت ورديته معًا «Il y a quatre espèces d'améthystes : 1° la première et la plus belle
est celle dans laquelle se montrent le plus vivement
ensemble les nuances rose et bleue; c'est la plus
chère; 2° vient ensuite celle où domine la nuance
rose avec affaiblissement de la nuance bleue; 3° suit
l'espèce où domine la nuance bleue avec affaiblissement du rose; 4° suit enfin l'espèce la moins estimée et la plus inférieure, et qui a le moins de valeur, dans laquelle les deux nuances bleue et rose
sont également faibles. » Nous avons donc ici quatre
nuances ou espèces différentes.

Le manuscrit 879, fol. 52 v°, sans s'expliquer sur la
nature de l'améthyste, la compare à l'*yaqout* (corindon)
*violet*. الجمشت هو حجر يشبه الياقوت البنفسجى « Le
*djemescht* est une pierre qui ressemble à l'yaqout
violet. » Ce qui ne permet plus de douter.

« L'améthyste se trouve, suivant nos Arabes, dans

<hr>

[1] On sait aujourd'hui qu'elle doit sa couleur à l'oxyde de man-
ganèse. (*Élém. min.* I, 204.)

le voisinage de Çafra, village à trois jours de marche de Taïba, la ville du Prophète (Médine)[1], sur lequel soient la bénédiction et le salut; on n'en trouve nulle part ailleurs. » يوجد لجمشت بغرب قرية تسمّى

الصفر على مسيرة ثلاثة ايام من طيبة مدينة رسول الله

صلعم ولا يوجد فى مكان غير هذا القرية

Le *Kenz al-Tadjar* est moins explicite, il ne restreint point le gisement de l'améthyste au voisinage du village de Çafra, où se trouve une vallée bien connue. On lit dans le ms. 879 suppl. ar. ومعدنه

بقرية الصفر من الحجاز ويوجد مغشيًا ببياض كالثلج على وجهة

حمرة « Ses mines sont dans le village de Çafra, dans l'Hedjaz. On la trouve couverte d'une couche blanche comme la neige sur une surface rouge. »

Aujourd'hui on connaît un bien plus grand nombre de gisements de l'améthyste; ainsi on cite l'île de Ceylan, le Brésil, la Sibérie, l'Espagne, en France le département des Hautes-Alpes. Aux gisements cités plus haut Brard ajoute l'Arménie et l'Égypte.

On polissait l'améthyste de la même manière que l'émeraude. Voici ce que nous apprend Teifaschi à ce sujet : وعلاجه فى قطعه وجلايه كعلاج الزمرذ اعنى

انه يحك اولًا بالسنباج على تحت الاسرب بالماء تم يجلى

بعد ذلك على حشب العشر « On opère sur l'améthyste, pour la tailler et pour la polir, de la même manière

---

[1] Reineri lit مدينة النبى.

que pour l'émeraude, c'est-à-dire qu'on commence par la frotter sur une table (couverte) de plomb avec de l'émeri et de l'eau [1], puis on complète le poli avec du bois de l'asclépiade géant [2]. »

Ainsi polie, « l'améthyste est employée par les Arabes comme ornement pour les armes et divers instruments. » الجمشت كانت العرب تستخدمه وتزيّن به واسلحتها الآلها « On en faisait aussi des vases [3] dans lesquels on pouvait boire du vin sans craindre de s'enivrer. » وجر الجمشت ان من صنع منه قدحًا ثم شرب

به ما شاء من النبيذ لم يسكر

---

[1] على تخت الاسرب بالماء La traduction de ces mots nous a embarrassé, parce qu'il s'agit ici spécialement de l'appareil à l'aide duquel le lapidaire taille la pierre. تخت pris dans un sens technique présente surtout des difficultés. Les dictionnaires le traduisent tous par *solium sive regium, sive commune; et septum accubitorium, quod fulcimentis supra terram elatum cubantibus inservit, et de loco in locum transferri potest.* Telle est la traduction de Freytag, qui est insuffisante ici. Si nous consultons le dictionnaire persan de Castel, nous trouvons تخت *solium* et تخته *tabula*, interprétation qui répond mieux au sens de la phrase. Il faudrait donc traduire littéralement : *sur la table de plomb.* Que faut-il entendre par la *table de plomb* ? Est-ce une table couverte d'une feuille de plomb, ou plutôt pourvue d'une roue de plomb, tournante, ce qui répond à ce que Brard nous apprend que quelques lapidaires taillent les saphirs *sur des roues de plomb* ? Il n'est pas nécessaire d'admettre la roue, car anciennement la taille ou le poli des pierres se faisait à la main. Il était plus parfait que celui qu'on obtient aujourd'hui avec la roue (Voy. *sup.* chap. de l'*yaqout*, pag. 50.)

[2] عشر, *asclepias gigantea* vel *procera*, Forskal, *Flor. Ægypt.* cviii. et Spreng. t. I, p. 252, qui donne quelques particularités curieuses.

[3] فقح *cyathus, vas* ; c'est aussi une mesure de capacité égale au فرق de Cordoue, contenant 8 lit. 261. (Ibn al-Aw. trad. II, 50, *not.*)

Pline (XXXVII, xl) signale cinq espèces d'améthystes : 1° celle de l'Inde, « qui·brille de la couleur
de la pourpre la plus belle, » *absolutum felicis purpuræ
colorem habent;* 2° l'autre a la nuance de l'hyacinthe,
nuance nommée *sacon* dans l'Inde, d'où vient à la
pierre le nom de *sacondion ;* 3° une espèce d'une teinte
plus claire est appelée *sapène*, et en Arabie *phraranitis*,
du nom de la contrée d'où elle est originaire; 4° la
quatrième a.la couleur du vin; 5° la cinquième, qui a
perdu de sa teinte purpurine, passe au cristal blanc
et incolore. L'annotateur de Pline (Panck.) n'admet
pas que la pierre décrite par le naturaliste latin soit
le quartz améthyste, avec lequel, dit-il, elle n'a rien
de commun. Nous ne partageons point cette opinion.
En effet, si les définitions de Pline n'ont point
la clarté de celles des Arabes, cependant on peut
avec quelque attention les ramener à l'améthyste,
car dans chacune d'elles on signale un fond qui est
toujours purpurin ou violacé, et quand il est trop
affaibli la pierre a perdu de sa valeur, comme Pline le
dit pour sa cinquième espèce, qui est dans ce cas et
qui rappelle la quatrième de Teifaschi. Pline dit
que ces pierres sont faciles à graver, Brard nous dit
aussi que les anciens ont beaucoup gravé sur elles.

Les plus belles améthystes, dit Pline, viennent
de l'Inde. Les plus belles, dit Brard, viennent de
*Ceylan,* du Brésil, etc. Ce nom de Ceylan rappelle
bien l'Inde des Latins.

Théophraste, parlant de l'améthyste, dit qu'on
l'emploie pour en faire des cachets gravés, et plus

loin il dit qu'elle a la couleur du vin : τὸ δ' ἀμέθυσον οἰνωπὸν τῇ χρόᾳ. (*De lapid.* t. I, p. 694.) Cette facilité de se prêter à la gravure exclut complétement le corindon améthyste. Hill, dans ses notes sur les passages de Théophraste cités (p. 116), et Lucas, dans son art. Améthyste (*Dict.* Déterv.), n'hésitent point à identifier l'améthyste des anciens avec le quartz améthyste des modernes.

Quant à l'étymologie du mot *améthyste*, il paraît que les anciens eux-mêmes n'étaient pas d'accord sur ce point. En effet, suivant Théophraste, il a été donné à la pierre parce qu'elle a la couleur du vin, et Pline dit au contraire : *Causam nominis adferunt quod usque ad vini colorem non accedunt : priusquam enim degustent, in violam desinit fulgor.* « On donne pour cause de son nom que la couleur (des améthystes) n'atteint pas celle du vin. Leur éclat paraît violacé et n'y arrive point. » Suivant les Arabes, ce serait parce que la pierre préserve de l'ivresse. Ainsi le mot ἀμέθυσον serait interprété diversement. Pour Pline, *a* privatif serait applicable à l'affaiblissement de la nuance, et pour les Arabes un préservatif contre les effets du vin.

## CHAPITRE XXI.

### L'HÉMATITE, خاهان.

Si l'on cherche ce mot dans le dictionnaire persan, on lit : خاههن *khamâhân* (avec un seul élif), *conchæ species nigra ad rubrum vergens.* Dans Teifaschi, ce nom est expliqué ainsi : الخماهان وهو يسمّى حجر السرف

« Le khamâhân, c'est ce qu'on appelle çirf, » qui dans les dictionnaires est traduit par *pigmentum rubrum quo corrigiæ calceorum tinguntur*, et nous verrons plus loin qu'on peut aussi l'employer pour écrire. Nous avons donc affaire à un minéral qui est colorant. Or, c'est ce qu'on trouve dans l'hématite ou la sanguine, sa congénère [1].

Nos auteurs arabes, Teifaschi et autres, définissent ainsi cette pierre : وهذا الحجر اسود حديدى « cette pierre est noire et ferrugineuse. » اجوده الاسود الشديد السواد الذى يضرب الى الحمرة الحديدية « La meilleure est celle qui est d'un noir très-foncé passant au rouge ferrugineux. » Ces caractères sont bien ceux de l'hématite rouge (fer oxydé concrétionné), d'un rouge brun pouvant acquérir un éclat métallique.

L'hématite des auteurs arabes est définie d'une manière plus complète par ce qu'on lit dans le ms. 879 suppl. ar. fol. 50 : حجر الخماهان اجوده الزنجى المتناهى الى السواد والصقالة الموهة بياضا على وجهه بالخيال وبينتسم اصحاب المصاحف فى جلا ذهبها « La meilleure hématite est l'éthiopienne, qui va jusqu'au noir (brun foncé) et au solide, et qui sous un certain aspect semblerait blanche à la surface. Les faiseurs de livres (les relieurs) s'en servent pour donner

---

[1] Reineri, dans sa traduction, s'est contenté de transcrire le mot *kamahan*. Il paraît même incliner pour l'appliquer au *jayet*, ce qui est inadmissible. Rauw admet le mot *hématite*, que nous n'hésitons point à adopter, déterminé par les caractères spécifiques rapportés par les auteurs arabes.

du poli à l'or qu'ils emploient. » Plus loin, le même manuscrit, après avoir cité plusieurs substances qui ressemblent à l'hématite, mais dont les noms sont illisibles, ajoute : ويستعمله المذهّبون عوض للهماهان عنك عوز « Les doreurs l'emploient (la substance) en place de l'hématite quand ils en manquent. » On lit dans Kazwini : وربما يحلّ (حجر الصرف) ويكتب مثل ما يكتب بالزنجفر « Souvent on fait dissoudre l'hématite (lâ pierre de *çirf*)[1] et l'on s'en sert pour écrire comme on le fait avec le cinabre[2]. »

Il est donc bien évident qu'il s'agit, dans la description de Teifaschi et celle du manusc. 879, de la pierre employée pour brunir, et dans celle de Kazwini d'une pierre employée pour la coloration. Dans le premier cas, c'est le fer oxydé rouge concrétionné, *vulg.* hématite rouge, ordinairement d'un rouge brun, acquérant par le poli un éclat presque métallique, c'est-à-dire cet aspect superficiel blanc

---

[1] Kazwini dit que « la pierre de cirf est aussi la pierre de l'ivresse. On en faisait boire à celui qui était souffrant par excès de boisson ou chez qui elle avait causé une *céphalalgie* » حجر الصرف = خـمـار ويسمّى ايضا حجر الخمار يسقى من اضربه النبيين او اصابه الصدع *khomar, crapula, dolor qui post ebrietatem tentat caput.* Cette lecture, qui se trouve dans tous les manuscrits, est-elle bien exacte? Il y a une si grande ressemblance entre ce mot et le persan خماهـن qu'on est porté à voir une altération. Quoi qu'il en soit, le minéral de Kazwini, qui était rouge passant au noir, s'identifie très-bien avec celui de Teifaschi. On pouvait bien aussi l'appeler la pierre de l'ivrognerie.

[2] زنجفر *pigmentum rubrum notum.* Kazwini, d'après Aristote, ne parle, dans l'article spécial au cinabre زنجفر, que de celui qui est un produit de l'art et non de celui qui est naturel ou *mercure sulfuré minéral.*

en apparence dont parle notre auteur arabe, et dont
la poussière est rouge. On l'appelle *sanguine à brunir*
dans les arts, où jamais on n'emploie le mot *hématite*, laissé à la science.

Suivant ce que dit Kazwini, on ferait avec la dissolution de l'hématite une sorte d'encre rouge pareille à celle que peut fournir le cinabre. Peut-être
faut-il entendre la poussière de la pierre délayée
dans l'eau. Il s'agirait donc aussi chez lui de la sanguine ou hématite noirâtre, à moins qu'on ne veuille
y voir le *fer oxydé rouge* qui fournit la *sanguine* ou
*crayon rouge des dessinateurs.*

Ainsi les Arabes paraissent n'avoir connu qu'une
seule espèce d'hématite ou peut-être deux. Les Latins étaient, de ce côté, bien plus riches qu'eux,
ainsi que nous le verrons. « L'hématite est tirée de
Karak, ville située à sept jours de marche du Caire;
c'est de là qu'on l'exporte pour tous les pays[1], » suivant Teifaschi : هذا الحجر يجلب من الكرك على مسيرة سبعة
ايام من مصر ومنه يحمل الى ساير البلاد On lit dans le
manuscrit 879 suppl. ar. : معدنه بالجبل المقطم
ونواحيه بارض مصر « Son gisement est dans le mont
Moqatham et ses alentours en Égypte. » Ce qui jus-
tifie l'indication de ce gisement, c'est l'emploi fré-

---

[1] كرك est cité par Aboulféda comme étant une ville située dans
le pays de *Scham* ou la Syrie. Le *Kenz al-Tadjar* lit : يجلب حجر
« La pierre de Çirf se tire du الصرف من بلاد حصن الكرك
pays *Hiçen al-Kark.* » Aboulféda ajoute : وهو بلد مشهور وله حصن
« Cette ville est connue, elle a un château fort. » (Aboulféda, texte,
p. 246.)

quent que les Égyptiens en font pour la sculpture.
On sait maintenant qu'on trouve de l'hématite dans
diverses contrées et que les variétés en sont très-
nombreuses.

Pline, d'après Sotacus, admet cinq espèces d'hématite (XXXVI, xxxvii et xxxviii). Il la compare au
schiste, qui n'est point et ne peut être la substance aujourd'hui connue sous ce nom. La première espèce
est l'éthiopique; la deuxième, l'androdamas, qui, par
le frottement sur la *basanite,* laisse une trace rouge
comme du sang; la troisième, l'hématite d'Arabie,
très-dure, laisse à peine des traces sur la pierre
d'essai; la quatrième espèce porte le nom d'*élatite,*
quand elle n'a point été exposée au feu, littéralement quand elle est *crue;* quand elle est cuite, elle
prend le nom de *miltite;* la cinquième, c'est le *schiston.*

Nous trouvons dans les notes sur ce chapitre des
explications sur ces cinq espèces d'hématite que
nous reproduirons, car elles nous paraissent assez
concluantes. La première espèce serait le *fer oxydé
rouge compacte.* La seconde comprendrait : 1° le fer
*oxydé rouge concrétionné,* vulgairement *hématite rouge,*
et 2° le fer *oxydé rouge* luisant (fer *rouge écailleux*).
La troisième espèce serait le *fer ocreux (hydroxyde
brun ocreux* Brong.). La quatrième est le fer oxydé
*rouge ocreux* qui fournit la sanguine ou le crayon
rouge des peintres, *Ræthel* de Werner. Enfin la cinquième est le *protoxyde lamellaire.*

L'annotateur ajoute, comme remarque, qu'il serait possible de trouver encore la première espèce,

l'éthiopique, dans le *fer oligiste compacte*. Mais, pour lui, nul doute que ce ne soit cette variété qui fournit la pierre à brunir.

Boetius de Boot rapporte aussi à la quatrième espèce, l'*élatite*, ce qu'on appelait de son temps *rubrica* (pierre rouge, crayon rouge). A la seconde espèce, il rapportait le *minium natif*. (Boetius de Boot, *De Lapid. et gemm.* l. II, c. ccvi.)

Théophraste cite deux espèces d'hématites. Πυκνὴ δὲ καὶ αἱματίτις· αὕτη δὲ αὐχμώδης, καὶ κατὰ τοὔνομα· ὡς αἵματος ξηροῦ πεπηγότος· ἄλλη δὲ ἡ καλουμένη ξανθὴ, οὐ ξανθὴ μὲν τὴν χρόαν, ἔκλευκος δὲ μᾶλλον, ὃ καλοῦσι χρῶμα οἱ Δωριεῖς ξανθόν. « Il y a aussi l'hématite d'une texture dense et compacte, qui tire son nom de ce qu'elle paraît formée de sang caillé. Il y en a une autre espèce nommée *xanthè*, d'un blanc jaunâtre, couleur nommée par les Doriens *xanthè*. » (Théophr. *De Lapid.* I, 695, 37, et Hill. trad. p. 138.) Ainsi, l'auteur admet deux espèces, l'une compacte, de couleur brune foncée comme le sang caillé, et l'autre d'un blanc jaunâtre. Hill la compare à l'élatite de Pline, qui, par la combustion, prenait une couleur rouge.

Dioscorides parle aussi de l'hématite, qu'il considère particulièrement au point de vue médical. Αἱματίτης δὲ λίθος ἄριστός ἐστιν ὁ εὐθρυβὴς μὲν καὶ κατακορὴς, ἤτοι μέλας, ἐν ἑαυτῷ δὲ σκληρὸς, καὶ ὁμαλὸς ἀνεπίμικτος ῥυπαρίας τῖνος ἢ διαζωμάτων. « L'hématite la meilleure est friable, d'un noir foncé, compacte, égale dans son essence, sans aucune souillure ni lignes courbes (étrangères). » Par *friable*, il faut entendre ici nécessairement *qui peut être réduite en poudre*. Par les propriétés médicales que lui attribue Dioscorides, d'être bonne contre les maladies des yeux, on peut trouver de l'analogie avec l'espèce éthiopique de Pline, qui est bonne contre les ophthalmies. (Diosc. V, 144.)

L'hématite a souvent été employée chez les anciens pour la gravure; les Égyptiens en ont fait grand usage pour des amulettes et notamment pour confectionner des scarabées qu'on trouve fréquémment dans les cercueils des momies.

M. Ch. Barrot pense que les premiers essais de gravure sur la pierre dure ont été tentés sur l'hématite. Il tire sa conclusion de l'imperfection et de l'hésitation qu'on observe sur les cylindres d'hématite noire que renferme le Musée impérial. (*Guide prat. du joail.* p. 362.)

## CHAPITRE XXII.

يشم, JADE ORIENTAL.

Suivant Teifaschi, « le jade et le jaspe sont deux pierres à base d'argent, deux espèces voisines l'une de l'autre; elles se sont formées dans les mines d'argent, » mais la *métallisation* n'a pu se compléter par l'immixtion de divers accidents physiques. البشم والبصب حجران فضّيان وكيانهما قريب بعضه من بعض وتكوّنهما فى معادن الفضّة الخ

Teifaschi définit ainsi le jade : البشم المتداول بين ايدى الناس نوعان احدهما معدنّى والاخر مصنوع فالمعدنّى اصفر كلون العاج العتيق وجميل الى الزرقة يسيرًا صلب رزين حجرى وهذا هو الخالص منه الذى له الخواصّ التى نذكر بعد. — «Le jade qu'on voit habituellement entre les mains des hommes est de deux espèces; l'une est d'origine minérale et l'autre est un produit de l'art. Le jade minéral est jaune, de la nuance de l'ivoire vieux, inclinant à une nuance bleue lé- gère[1]. Il est dur, luisant, de nature pierreuse. Cette espèce est le vrai jade (tel que le produit la nature), possédant les propriétés que nous indiquerons ul- térieurement. »

Tels sont les documents qui nous sont fournis sur le jade ou يشم par Teifaschi, le seul de nos Arabes qui en parle. Le *Kenz al-Tadjar* ne fait que répéter ce que Teifaschi en a dit. Le ms. 899 suppl. ar. semble réunir le يشم au يشب que nous verrons à la suite de cet article, et Kazwini ne parle que des propriétés médicales du jaspe يسب.

La véritable signification du mot يشم ne paraît avoir été connue que depuis peu de temps, car les dictionnaires le traduisent par une périphrase inac- ceptable. Ainsi, dans Freytag, on lit يشم. *Gemma*

---

[1] Si l'auteur ne parle ici que du jade minéral couleur du vieil ivoire, il admet néanmoins d'autres nuances. Ainsi, au chapitre de l'émeraude, le *Kenz al-Tadjar* parle du jade vert, البشم الاخضر. C'est aussi avec cette nuance seule que l'indique le dictionnaire de Freytag.

*vel lapis quœdam viridis, cujus proprietas est hœc, ut ubi sit fulgur non noceat. Jaspis aut ejus genus; gegátes vel achates; aliis lapis nephriticus.* Dans le *Lexic. heptaglotton* de Castel, on lit au mot ישם, arab. يشتم *Id. quod* يشب *aut genus illi proximum quia ex priori nomine barbaro posterius hoc arabicum* يشب *promanasse vult* Camous. Niebühr, dans sa préface, dit : « يشتم Une pierre qui vient de Perse et qui a une couleur qui tient du vert et du jaune. Un autre assurait que cette pierre se trouvait en Perse et croyait qu'elle ressemblait par la couleur à *l'akik* (la cornaline) ». Le ms. 879 suppl. arabe prend aussi les deux mots comme désignant une seule et même chose. القول على اليشب ويقال يشتم *Traité sur le jaspe, dit aussi* « *jaschus.* » Reineri n'a pas cru devoir traduire le mot, il s'est contenté de le transcrire.

M. Reinaud, dans son beau travail sur les *Monuments du cabinet de M. de Blacas,* paraît tenir la véritable interprétation, mais il n'ose pas encore séparer le jade du jaspe. Il dit, I, p. 20 : « M. Abel Rémusat a très-bien prouvé, dans son *Histoire du Khoten,* p. 130 et suiv. que *ces matières* ne peuvent répondre qu'à notre jade, appelé par les Chinois *pierre de Yu.* » Il veut parler du يشب et du يشتم[1].

---

[1] La séparation du jade et du jaspe en deux espèces paraît très-moderne, puisqu'elle n'existait point encore en 1647 quand fut publiée la 3ᵉ édition de Boetius de Boot, car dans le traité de Jean de Laet d'Anvers, *De gemmis et lapidibus,* qui vient à la fin du volume, on voit que la *pierre néphrétique* est considérée comme un jaspe. L'auteur dit : *Fr. Ximenes postquam Nephriticum descripsisset de altero agens capite sequenti ita loquitur. Est et alia species jaspis viridis, licet

Nous admettrons volontiers la confusion avec le
jaspe pour certaines nuances de jade; mais ici il
est impossible de ne pas s'arrêter à la signification
de jade blanc oriental de Léman, qui est d'un blanc
légèrement verdâtre ou olivâtre. Ce minéralogiste
ne veut point qu'on le confonde avec le *jade néphrite*,
parce que ce dernier est d'une autre nature. Mais
ce que rapporte le ms. 879 suppl. ar. وينفع اوجاع
الاحشا, *qu'il est utile pour les douleurs d'entrailles*,
prouve l'identité entre le jade oriental et le jade néphrétique; d'ailleurs, Girardin et Lecocq réunissent
en un même article les deux noms. Ces derniers
admettent du reste ce que nous avons dit plus haut
qu'on a pendant longtemps confondu sous le nom
de jade des substances tout à fait hétérogènes, des
serpentines dures, des jaspes, etc. Nous avons vu
à l'article *béryl* que le jaspe et même le jade avaient
été assimilés à l'émeraude. Mais le jade et le jaspe
sont deux espèces bien distinctes : le jade est une
espèce de la famille des *sodium* et le jaspe est un
*quartz*.

Le jade, dit Teifaschi, se trouve dans le Kaschgar.
معادن اليشتم كاشغر ومنه يجلب الى ساير البلاد وكاشغر
اقليم فيه مدينة كبرى بين الصين وبين مدينة غزنة
على نيف وعشرين يومًا من غزنة الى جهة الشمال لسانهم
تركى « Les gisements du jade sont au Kaschgar, d'où

*multum diversa a præcedente,* etc. Théophraste et Pline ne parlent
point du jade, que sans doute ils confondaient avec le jaspe.

on l'exporte par toute la terre. Le Kaschgar est une région où sont de grandes cités entre la Chine et la ville de Ghaznah, à vingt jours de distance de cette dernière ville vers le nord; on y parle la langue turque». Aujourd'hui, on connaît des gisements de jade à la Chine, au Japon, dans l'Inde et en Amérique. C'est de la Chine surtout qu'il nous vient taillé en statuettes et vases de toute espèce.

Teifaschi nous apprend qu'on faisait du jade artificiel. وهذا مصنوع يصنع بالصين من اخلاط بمجموعة ويعمل منه اوان بجلب الى بلاد العرب ولم ار بهذه البلاد المصرّية ولا الشاميّة. « Le jade artificiel est fabriqué en Chine par le mélange de plusieurs substances; on en fait des vases qu'on porte en Arabie. Je n'en ai point vu en Égypte ni en Syrie». L'auteur s'étend ensuite sur les essais heureux qu'il a faits «lui-même» en Égypte.

## CHAPITRE XXIII.

LE JASPE, اليسف, اليصب, اليسب [1].

Suivant nos Arabes, le jaspe et le jade ont une origine commune, et souvent il y a eu confusion dans les espèces, comme nous l'avons vu à l'article précédent.

Suivant Teifaschi, il y a deux espèces de jaspe, le blanc et le bleu; mais ce dernier est un produit

---

[1] On trouve les trois manières d'écrire. Ibn Beithar porte : يسف ويقال يسب fol. 4oo r°. Cast. *Lex. hept.* et Freytag qui écrit يشب.

de l'art : منه ابيض وازرق فازرقه مصنوع كما يصنع ابيض
البشم «Il y a le blanc et le bleu; mais ce dernier
est un produit de l'art, comme l'est le jade blanc. »

Le manuscrit 879 sup. ar. fol. 37 r°, indique un
plus grand nombre d'espèces. والسوائه ابيض واصفر
« Les cou-
leurs ou *espèces* de jaspe sont le blanc, le jaune, le
vert tacheté de noir, le cendré et celui couleur d'huile
d'olive (verte), qui est le plus beau. »

Le *Kenz al-Tadjar* (fol. 83 r°) indique deux couleurs
naturelles, le blanc et le jaune. Il cite aussi le bleu,
mais comme une couleur artificielle. انواع اليصب
ثلاثة ابيض وزيتونى وازرق والزيتونى اجودهم والازرق
مصنوع « Il y a trois espèces de jaspe : le blanc, celui
couleur d'huile d'olive et le bleu. Le jaspe couleur
de l'huile d'olive est le plus estimé; le bleu est une
production de l'art. » Le même manuscrit dit plus
loin que cette pierre prend très-bien la couleur. وهذا
الجر فى نفسه يقبل الصبغ ويصبغونه ولونه كلون الورد
« Cette pierre prend très-bien la couleur, on la co-
lorie en lui donnant une teinte rose ».

Le jaspe, suivant Teifaschi, se trouve dans l'Yémen,
et de là on le transporte par toute la terre. Suivant
le ms. 879 suppl. ar. «on en tire des environs de
Khatan[1] dans deux vallées, l'une appelée *Qâschi*, qui

---

[1] ختن, ville du Touran, توران, ou de la Transoxiane ما وراء
النهر, littéralement «de ce qui est au delà du fleuve» (Oxus), d'où on
fait le mot *Mawarannahr*, l'Oxus des anciens, le Djihoun des modernes. On lit dans Aboulféda, p. 505 : قال فى اللباب وختن بلدة
«On dit dans le *Lobâb* : من بلاد الترك وراء بوزكند ودون كاشغر

fournit un jaspe d'un blanc supérieur; l'autre, appelée *Wafâschi*, fournit une matière noire. On ne peut
pas pénétrer jusqu'au gisement (mine); cependant
on a un moyen de se procurer la pierre. Les gros
fragments sont pour le roi et les petits pour le
peuple »

ومنه مستخرج من ناحية ختني واديين يسمّى

احدها فاشى ويستخرج منه ابيض فايق ويسمّى الاخر

وفانشى ومستخرج منه شى اسود ولا يوصل الى معدنه وأمّا

السبيل بخروجه والقطع الكبار للملك والصغار للرعية.

Ainsi nous trouvons pour le jaspe l'indication des
couleurs suivantes : 1° le blanc; 2° le jaune; 3° le
vert avec taches noires; 4° le cendré; 5° le jaune, et
6° le noir, toutes couleurs unies, à l'exception du
vert, suivant le ms. 879. Le jaspe de couleur bleue
serait un jaspe coloré ou artificiel. Nous ne voyons
point mention des jaspes versicolores ou rubanés si
estimés de nos jours. Le jaspe cendré pourrait être
le jaspe bleu moderne qui, suivant Brard, tire toujours sur le grisâtre.

Il n'est fait aucune mention du jaspe rouge, dit
*oriental* ou *antique*, qu'on dit venir d'Égypte, chose
peu probable, dit Léman (*Dict. hist. nat. Déterv.*).
Il ne faut pas, ajoute le même auteur, confondre ce
jaspe, qui est le vrai *jaspe rouge* des antiquaires, avec

Khatan est une ville du pays des Turcs, au delà de la ville de *Ious-
kend* et en deçà de Kaschgar. » Nous avons vu que le jade se trouvait
aussi au Kaschgar.

le *jaspe égyptien rouge* dont parle Jamsen et qui se trouve dans les environs de Baden, en Suisse.

Théophraste parle trois fois du jaspe sans entrer dans aucun détail. La première fois, il le cite parmi les pierres qui ne *diffèrent que par l'apparence* extérieure. (*De Lapid.* xxiii, p. 692); la seconde fois, pour dire qu'on le trouve dans l'île de Chypre avec l'émeraude, mais que ce qui est employé pour orner les coupes et les vases d'or se tire de la Bactriane, vers le désert. Il présente l'émeraude comme dérivant du jaspe, parce qu'on disait avoir trouvé, dans l'île de Chypre, une pierre moitié émeraude et moitié jaspe. (*De Lapid.* xxiii, xxvii et xxxv, et trad. Hill. 80, 101 et 129.) Orphée parle aussi du jaspe, mais seulement pour citer ses influences talismaniques, et encore il ne mentionne que l'espèce bleue, de la couleur de l'air, *ἐαρόχροος*. (*De Lapid.* p. 206.)

Dioscorides (V, 160) entre, sur le jaspe, dans des détails qu'il est intéressant de connaître : Λίθος ἴασπις, ὁ μέν τίς ἐσΊι σμαραγδίζων, ὁ δὲ κρυσΊαλλώδης, ἐοικὼς φλέγματι· ὁ δὲ ἀερίζων· ὁ δὲ καπνίας, ὡσπερεὶ κεκαπνισμένος· ὁ δέ τις καὶ διαφύσεις ἔχων διαλεύκους καὶ ἀποσΊιλϐούσας, Ἀσσύριος δὲ καλούμενος· ὁ δέ τις τερεϐινθίζων λέγεται, καλαΐνῳ χρώματι προσόμοιος· λέγονται δὲ πάντες εἶναι φυλακτήρια. « Parmi les jaspes il en est qui imitent l'émeraude; d'autres à l'état de cristal ont l'aspect de *phlegmes*, d'autres ont la nuance de l'air; d'autres sont dits *enfumés* parce qu'ils semblent imprégnés de fumée; d'autres, sillonnés par des lignes blanches et brillantes, sont appelés *assyriens;* d'autres portent le nom de *térébinthizousa,* imitant la calaïte par la couleur : tous ces jaspes sont, dit-on, des amulettes. »

Pline (XXXVII, xxxvii), dans un long article sur le jaspe, en cite quatorze espèces, dans lesquelles nous retrouvons tous les noms de Dioscorides. Nous allons rapporter ces noms avec les déterminations modernes telles qu'on les trouve dans la note qui se rattache à ce passage (trad. Panck.).

*Jaspis,* jaspe vert pré.

*J. aerizusa,* j. bleu céleste.

*J. cærulea,* j. bleu.

*J. purpurea,* j. pourpre.

*J. sarda,* j. sarde.

*J. imitata violas,* j. violet.

*J. terebinthusa,* j. jaune (j. térébinthiné).

*J. grammatias,* j. fleuri rouge à raies blanches.

*J. polygrammenus,* j. fleuri rouge à taches blanches.

*J. onychipuncta,* j. onyx.

*J. nives in summitate complexa,* j. calcédoine à petits flocons de neige.

*J. stellata,* j. onyx moucheté.

*J. capnias,* j. onyx enfumé.

Le jaspe était bien connu des anciens Hébreux; nous le trouvons mentionné parmi les pierres qui ornaient le pectoral du grand prêtre : ישפה *jaschpah,* que les Septante traduisent par *ἴασπις,* la Vulgate par *jaspis,* et la version arabe par يَشْف. (Rosenmül. *Bibl. Mineral.* p. 43.)

CHAPITRE XXIV.

البُلُّور. LE CRISTAL DE ROCHE, QUARTZ HYALIN.

La signification de ce mot بلور varie suivant les voyelles et la prononciation. Dans les dictionnaires arabes de Castel et de Freytag on trouve seulement بَلَّوْر et بِلَّوْر *ballawr* et *billawr*, βήρυλλος, *beryllus*, et on renvoie à Pline au chapitre du *Béryl;* puis vient le mot *crystallum.* Le lexique persan de Castel porte بلُور *boulour, crystallum, beryllus.* Richardson, dans son dictionnaire persan, rétablit les choses dans leur ordre logique et satisfaisant. Il dit donc : بلور, *bou-lour,* mot persan d'origine, *cristal de roche;* بَلُّور *bowllour,* verre très-transparent; بِلَّوْر ou بَلَّوْر avec teschdid, *ballawr* ou *billawr,* mot arabe, *beryl.* Nous n'hésiterons donc point à traduire بلور par *quartz hyalin* ou *cristal de roche,* en nous appuyant sur les caractères physiques décrits par Aristote et les auteurs arabes, Teifaschi, Kazwini, etc.

Teifaschi dit, d'après Belinous, *boulour* est une pierre à base de *borax blanc,* حجر بورق ابيض, destinée dans le principe à former un corindon *yaqout;* mais différents accidents étant survenus pendant la cristallisation, elle devint une *pierre blanche diaphane,* فصار حجرًا ابيض صافيًا. Pourtant il arrive que l'élément de la couleur rouge vient l'affecter; mais la surface reste blanche et l'intérieur seul est rouge, cette nuance disparaît au feu. واتما اقعده عن الحمرة رطوبة المكان واعتدال الحر عليه فى معدنه فابيض ظاهره وصار باطنه احمر واتما تفتت فى النار «Sa cristallisation s'écarte de la couleur rouge par l'effet de l'humidité du lieu et (la continuité de) l'action régulière de la chaleur, et alors l'extérieur blanchit quand l'intérieur reste rouge. Cette nuance est détruite par le feu. »

Ce qu'on lit dans Kazwini, d'après Aristote, est assez caractéristique : « Le cristal de roche est une espèce de verre, mais bien plus solide que le verre ordinaire. »

قال ارسطو البلور نوع من الزجاج الا انه اصلب « C'est la plus belle des espèces de verre, la plus dure et la plus belle pour sa blancheur, la plus brillante. Le cristal de roche admet la couleur du rubis »

احسن انواع الزجاج واشدّ الصلابة واحسن بياضًا واشدّ ويصفا ويصبغ بلون الياقوت. Le texte d'Aristote ajoute : ويصبغ فيقبل الصبغ on le teint de diverses nuances, car il admet très-bien la coloration (artificielle).

L'auteur parle ensuite de phénomènes physiques qu'il est important de rappeler et qui montrent que dès cette époque on avait fait sur le quartz hyalin des observations déjà assez sérieuses. واذا قابل البلور الشمس ثم ادنيت منه خرقة سوداء او قطنة تاخذ فيها النار ومن اراد ان يشعل من ذلك النار فعل « Quand le cristal de roche a concentré le soleil et qu'on approche une loque noire ou du coton, ils prennent feu. On peut, si on le veut, allumer le feu de cette manière. »

On lit dans le ms. 879 s. a. وهو (بلور) جرشعان كثير النور قريب من المها وفيه كبار وصغار وهو صلب الجسم لا يعمل فيه الا الحديد الفولاذ الكثير السقاية « Cette pierre, le cristal de roche, est une pierre brillante ayant beaucoup d'éclat, qui se rapproche

de l'yaqout d'eau. Il y en a de gros et de petits fragments. C'est un corps dur, sur lequel l'acier bien
trempé[1] seul a de l'action. »

Kazwini parle d'une « autre espèce de quartz qui a
très-peu d'éclat, mais qui est plus dur et qu'au premier
aspect on prendrait pour du sel, et duquel, quand
on le frappe avec du fer trempé, le feu jaillit avec
une grande facilité. Ce quartz sert de briquet aux
gens de service des souverains. » وفي البلور نوع اخر
اقلّ صفاء من الاوّل اشدّ صلابة اذا نظر اليه حسبـتـه
ملحًا فاذ قرعت بهذا الحجر للحديد المسقى خرجت النار
بسهولة وذلك مقدحة غلمان الملوك. — L'auteur veut
parler sans doute ici d'un silex pyromaque grisâtre
comme le sel de cuisine, ainsi, du reste, que porte
à le croire la mention d'une espèce cendrée, البلور
الاغبر, qu'on voit vers la fin de l'article.

Certainement, quand on a lu les indications qui
précèdent, on ne peut pas se figurer une pierre autre
que le quartz hyalin. On se demande alors comment
tous les lexiques ont pu donner seulement comme
traduction de بلور le mot *beryllus*, renvoyant pour
son explication à Pline, qui décrit le béryl comme
une pierre verte, tandis qu'ils renvoyaient à la fin
le mot *crystallum*, qui appelait ainsi fort peu l'attention. Enfin Richardson dans son dictionnaire a ré-

---

[1] الكثير السقاية, *litt.* abondant d'arrosage. Cette expression
appliquée au fer ou à l'acier, الحديد الفولاد, ne peut s'entendre que
de la trempe. Le dictionnaire français-arabe de Caussin de Perceval
admet cette interprétation. الحديد المسقى, que nous trouvons plus
loin, a le même sens.

tabli l'ordre comme nous l'avons transcrit au commencement de ce chapitre.

Le quartz se trouve, suivant Teifaschi, dans l'Hedjaz; c'est le plus beau. En Chine, il est d'une qualité inférieure au précédent; celui du pays des Francs, بىلاد الافرنجيـة, est aussi fort beau. Il y a encore des gisements de cristal de roche sur les confins de l'Arménie; ici il passe à la nuance jaune du verre. On voit encore de ces gisements dans le Magreb, à l'extrémité de la région dans le voisinage du Maroc, dans le pays des Beni abd-Almoumen. Celui-ci est pur, mais il a beaucoup de fissures, تشعير. — Le ms. 879 s. ar. ajoute Badakhschan et Ceylan.

On connaît aujourd'hui en Europe et même en France un assez grand nombre de gisements de quartz hyalin, surtout dans les Alpes Dauphinoises au Mont-Blanc, et à l'extérieur, dans la Suisse, la Sibérie, le Caucase, etc. Le plus beau, dit Brard, vient de Madagascar (III, 244).

Teifaschi raconte tout le parti qu'on peut tirer du cristal de roche pour l'ornementation. Il parle de quelques-unes des œuvres merveilleuses exécutées avec le quartz hyalin et, entre autres, il dit « avoir vu un vase en forme de coq donné à un prince d'Afrique par un souverain du pays des Francs, qui pouvait contenir quatre rotls de vin. Le travail avait été si bien fait qu'il n'y avait aucune partie, même les ongles et la crête, qui n'eût été fouillée. »

رأيّت عند سلطان افريقيـة مثـال ديـك من بلـور

اهداه له بعض الملوك الافرنجيية يحمل اربعة ارطال من

الشراب لا يخلّ من صورة الديك شى ولا تحرم حتى عرفه

واطفار جبعه بجوّن

Nous lisons plus loin une citation sur la fusion du quartz d'après Théophraste, dont le nom défiguré est presque méconnaissable : ما ذكره افرسطس فى كتابه فى الاحجار عن البلور يذوب كما يـذوب الـزجـاج ويقبل الصبغ قال احمد هذا صحيح الا ان ذلك ليس للبلور من ذاته بل بما يدخل عليه فيفعل ذلك « Ce que Théophraste (Aphrastous) a raconté, dans son *Livre sur les pierres*, que le cristal de roche se fondait comme le verre et qu'il admettait la coloration. Ahmed dit : Le fait est vrai, mais la fusion n'est point la suite de la nature du cristal, c'est seulement par l'effet de ce qu'on lui applique que la chose a lieu [1]. »

Nous ne trouvons nulle part dans Théophraste l'indication de ce procédé. Il est seulement parlé de silex qu'on fait entrer dans la fabrication du verre, et encore faut-il admettre une grave correction au texte de Théophraste, proposée par Laet, et traduire comme Hill qui l'a admise. Εἰ δὲ καὶ ὁ ὕελος ἐκ τῆς ὑελίτιδος, ὥς τινές φασι, καὶ αὕτη πυκνώσει γίνεται. Ἰδιωτάτη δὲ ἡ τῷ χαλκῷ μιγνυμένη. «Quod si vitrum,

___

[1] Le texte porte : بما يدخل عليه فيفعل ذلك; nous croyons devoir lire يدخل à la 4ᵉ forme et traduire litt. par *ce qu'on fait entrer sur lui*, l'auteur, suivant nous, voulant parler des substances qui aident à la fusion, et alors *la chose se fait*.

ut quidam narrant, ex hyalide, quam vitreaginem vel vitream terram dicere possis, conficitur, ejus certe confectio densatione constabit. Singularis est proprietas terræ quæ miscetur æri, etc. » Telle est la version latine admise par Schneider, tandis que Hill traduit d'une manière bien plus facile : « Mais si l'on fait du verre, comme il y en a qui l'assurent, avec le *velitis*, qui est un sable vitrifiable, il doit sa production à l'extrême force du feu. Le meilleur est celui dans lequel on fait entrer la *pierre à fusil*, etc. » Voilà donc la seule trace que nous ayons de la fusibilité d'un quartz. (*De Lapid.* 698, 49; Hill, 166.)

Théophraste donne au quartz hyalin le nom de κρύσ1αλλos. C'est le *crystallum* de Pline; il le cite parmi les pierres sur lesquelles on grave des cachets. Il mentionne une autre substance sous le nom de ὑαλοειδὴs (λίθos), pierre *hyaline*, ou le *hyaloïde*, comme traduit Hill, page 14. On a beaucoup varié, dit ce dernier, sur la nature de cette pierre. Mais il s'arrête à l'*Astrios* de Pline, qui serait, suivant l'annotateur, une *opale*.

Pline traite du quartz sous le nom de *crystallum* (XXXVII, ix). Suivant lui, il serait le résultat d'une cristallisation produite *par l'intensité du froid*, fausse théorie contredite par les localités mêmes qu'il indique pour son gisement. La forme prismatique hexagone des cristaux terminés par un pointement à six faces a été remarquée par le naturaliste latin. Il déclare qu'il lui est difficile de trouver la raison de ce phé-

nomène. Il parle des beaux vases qu'on avait su
en tirer et combien ils étaient recherchés par les
fastueux Romains; mais il ne cite qu'une seule espèce. Il a remarqué de l'eau contenue parfois dans
le quartz, qui varie de position avec celle de pierre.
C'est le *quartz-aéro-hydre* des minéralogistes modernes, dans lequel le naturaliste latin ne voit qu'un
défaut du cristal.

Orphée, dans son poëme sur les pierres, a chanté
le cristal ; mais évidemment c'est le quartz hyalin,
puisqu'il dit :

Κρύσταλλον φαέθοντα διαυγέα λάζεο χερσί
Λᾶαν, ἀπόρροιαν περιφεγγέος ἀμβρότου αἴγλης.

Crystallum splendentem ac pellucidum accipe manibus
Lapidem, radium lucidi divini splendoris.

Le poëte a signalé aussi cette propriété connue
des Arabes que possédait le cristal de concentrer
les rayons du soleil et d'enflammer les corps. (*De
lapid.* p. 198.)

CHAPITRE XXV.

الطلق, LE TALC (ET LE MICA).

طلق, sous ce mot nous comprenons le *talc* et le
*mica*, qui, jusqu'à Werner, ne formaient qu'une seule
espèce, sous le nom de *talc*, qu'on appliquait autrefois aux pierres divisibles en lames minces. (*Dict.*
Déterv. verb. *Mica* et *Talc.*)

Nous lisons dans Teifaschi : الطلق يقع من الهوآ

كالفضه ا فاذا صارفى الارض تحجّر طبقات بعضها على بعض واصل

كيانه من رطوبة غليظة مائية غلبت عليها الارضيّة واليبوسة

فتلزّزت اجـزآوها واشتدّ تداخل بعضها فى بعض ولم يكن

فيها دهنيّة كدهانة الاجساد الذ ائبة فلم يقو عليها

اليبس فصارت كذلك لا تذوب بالـنار كما تـذوب الاحجار

الذ ائبة ولا ينسحق كما ينسحق الاحجار الترابيّة « Le *talc*
tombe de l'air sous forme de rosée [1], et quand il est
arrivé sur le sol il se pétrifie par couches superposées. Ainsi le principe de son être, c'est une humidité aqueuse épaisse dans laquelle dominent l'élément terreux et la sécheresse, et alors les parties
prennent de la consistance, de la dureté, se péné-
trant mutuellement l'une l'autre. Il n'existe point
en lui un principe oléagineux comme celui qui
est dans les corps fusibles; pourtant la sécheresse
n'exerce sur lui aucune puissance. L'organisation du
*talc* étant ainsi, il entre en fusion, mais non comme
les pierres oléagineuses. D'un autre côté, il ne se
laisse point pulvériser comme les pierres de nature
terreuse. »

On lit dans Ibn Beithar (fol. 262 r°) : تحـد = طلق

بن عبدون = هو حجر براق ينحلّل اذا دقّ الى طاقات صغـار

ويعمل منه مضاؤى للحمامات فيقوم مقام الزجـاج ويسمّى

الفنج ولحميا بالسريانية وكوكب الارض وعـرق الـعـروس

<hr>

[1] Aristote dit : وهو وقع من الهوآ مثل المنّ. « Il tombe de l'air
comme la manne. »

« Le *talc* = Mohammed ben-Abdoun. = C'est une pierre brillante qui se divise quand on l'a réduite en lames minces et ténues ; on en fait des (vitrages de) fenêtres pour les bains et il remplace le verre[1]. Les Syriens le nomment *al-fanah* et *al-hamiâ*, on l'appelle aussi *étoile de terre* et *ahraq el-ouhrous*[2]. » وقال الرازى

فى كتاب المدخل فى الطبّ الطلق انواع بحرى ويمانى وجبلى

وهو يتصفّح اذا دقّ صفايح بيض دقاق لها بصيص وبريق وقال

[1] Ces mots : يتخلّل اذا دقّ الى طاقات صغار ويعمل منه مضاؤى présentent des difficultés pour faire concorder le sens littéral avec le sens logique. Ces difficultés portent surtout sur les deux mots دقّ et طاقات, sur ce dernier, en particulier, qui est mal défini. Ce mot, qui est le pluriel de طاق, est traduit dans les dictionnaires par *arcuatum opus*, mais on lui trouve aussi le sens de *pars una a duabus* et encore de *linea*. On peut donc voir l'indication de *parties d'un tout*, ou bien de *lignes* ou *sens de division*. دقّ a généralement le sens de *comminuere*, d'où دقيق « farine ; » ce qui ne peut convenir ici, puisque nous devons trouver la division en lames minces capables de remplacer le verre. On trouve aussi le sens de *gracilem reddere*, « rendre mince, » ce qui convient mieux au sens logique de la phrase et qui nous a déterminé à traduire comme nous l'avons fait. On pourrait peut-être traduire : « Quand on l'a réduit et aminci dans le sens des lignes, c'est-à-dire des lignes de clivage, etc. » Peut-être faudrait-il lire الى طبقات « dans le sens des couches de *formation*. » La citation d'Aristote prouve que دقّ est pris ici dans un sens particulier

[2] Ces mots يسمّى الصح ولحميا بالسريانية الح sont écrits de plusieurs manières différentes, qui, nulle part, ne donnent un sens satisfaisant. Sontheimer, dans sa traduction, lit : القمح et الجسمانيا. Galland, dans une vieille traduction latine d'Ibn-Beithar, restée inédite, lit : جسميا et قمح. Le ms. de M. Leclerc lit فتح et عرق العروس الجسميا est resté sans être traduit, sinon dans la vieille traduction de Galland, où on lit *vena sponsi*.

فى كتاب علل المعادن الطلق جنسان جنس يكون متصقّى

«Rhazès». يكون من احجار الجصّ ويكون فى جزيرة قبرس

dit dans son livre (qui a pour titre) l'Introduction à
la médecine : il y a plusieurs espèces de *talc* : le *talc*
maritime, celui de l'Yémen et celui de montagne.
Il se réduit en lamelles par la trituration, ces lamelles sont brillantes et étincelantes. Il dit encore,
dans son livre sur la Cause des minéraux : Il y a deux
espèces de *talc*. L'une d'elles se divise en feuilles ;
elle vient de la pierre de gypse ; on la trouve dans
l'île de Chypre. »

قال على بن محمد الطلق ثلثة اصناف

يمانى وهندى واندلسى فاليمانى ارفعها والاندلسى اوضعها

والهندى متوسط بينهما وامّا اليمانى وهو صفائح رقاق ارقّ

ما يكون مثل صفائح الفضة غير انها لونها لون الصدف

والهندى مثل اليمانى الا انه دونه فى فعله والاندلسى

يتصقّح ايضا غير انه غليظ كلس (؟) ويعرفن بعرق العروس

Aly ben-Mohammed dit : « Il y a trois espèces de
*talc* : celui de l'Yémen, celui de l'Inde et celui de
l'Andalousie (Espagne). Le plus apprécié est le talc
de l'Yémen ; celui qui l'est le moins, c'est celui d'Andalousie. Celui de l'Inde tient le milieu entre les
deux. Le talc de l'Yémen est squammeux, mince,
aussi mince que possible. Il ressemble à des paillettes d'argent, sinon que sa teinte est celle de la
nacre (litt. *coquille*)[1]. Celui de l'Inde ressemble au
talc de l'Yémen, sinon qu'il est moins énergique dans

---

[1] Ce serait la *nacrite, talcum argenteum* « talc lamelleux argenté. »

ses effets. Celui d'Andalousie est également feuilleté, mais les feuillets sont épais. On le connaît sous le nom de *ahrq al-ourous*. » (Ibn Beit. fol. 262 r°, ms. 1023.) Aristote ajoute à la description que le talc est une pierre qui résiste à la percussion et que le marteau ne saurait broyer, وهو حجر عاصى لا يطبع لو دق بالمطارق. »

Laissant de côté l'origine fabuleuse attribuée au talc, combinant ensemble les définitions qui précèdent, nous nous trouvons en présence d'un minéral disposé par couches superposées et feuilletées, ou bien qui se présente en paillettes, qui est employé au vitrage des bains et qui résiste au marteau. Voilà incontestablement des caractères qui appartiennent au mica, qu'on rencontre parfois en feuilles d'une certaine dimension, tandis que le talc ne se trouve jamais qu'en paillettes, associé au quartz et au feldspath, pour former la protogyne.

Les deux espèces admises par Teifaschi et Aristote complètent l'assimilation, الطلق نوعان فضّى وذهبى والفضّى ابيض صافى اللون والذهبى الى الصفرة وهو اجود « Il y a deux espèces de talc, le talc argentin et le talc de couleur d'or tirant sur le jaune. Le premier est blanc et brillant, et le second tire sur le jaune, c'est le meilleur. » Or le mica se présente bien sous ces deux aspects. Le mica blanc ou argentin à nuance nacrée (de coquille), comme dit Aly ben-Mohammed. On l'appelle vulgairement *l'argent des chats*. La couleur de l'or est la plus habituelle dans le mica; on l'appelle alors *l'or des chats*. A l'état de paillettes pulvérulentes, on l'emploie sous le nom de *poudre d'or* pour le répandre sur l'encre humide. Le talc en paillettes peut très-bien être compris sous la dénomination de *talc argentin*. Cette onctuosité propre au talc, qui ne ressemble point à celle qu'on trouve dans d'autres substances minérales, onctuosité qui rend le talc doux au toucher, nous paraît s'appliquer parfaitement à la *stéatite* et au talc, deux pierres magnésiennes.

Quand Aristote dit que le talc résiste au marteau et qu'il ne peut pas se broyer, il faut l'entendre du mica, qui se laisse plutôt déchirer que pulvériser, car le talc se réduit facilement en poudre, et surtout la stéatite, qui est douce et savonneuse au toucher.

Les Arabes paraissent s'étendre beaucoup sur la pulvérisation du talc et sa solution dans l'eau. On lit divers procédés, nous en citerons deux comme spécimen. Mais on verra qu'il ne peut être question que de talcs stéatites d'une texture peu consistante, et non du mica. La chimie moderne opère la fusion du talc à l'aide du chalumeau. Elle obtient une sorte d'émail blanc.

Teifaschi et le *Kenz al-Tadjar* donnent le moyen suivant de pulvériser le talc : تأخذ منه ما شئت وتجعله فى مسح شعر او ثوب خشن مع خصيبات صغار ثم تضع الثوب فى مآء حارّ قد طبخ فيه باقلا ثم تحكّ فانه ينحلّ جسمه اولاً فاولاً حتى ينسحل كلّه فتخرج وتجمع كالدقيق المطحون ويستعمل . « On prend la quantité *de talc* qu'on veut,

on la met dans un sac de crin ou d'une étoffe rude
(et grossière) avec du petit gravier. On plonge ensuite ce sac (litt. *l'étoffe*) dans une eau dans laquelle
on aura fait bouillir des fèves. On agite (litt. *on frotte*)
*le paquet* jusqu'à ce que le talc soit réduit à l'état de
poussière [1], qu'on recueille comme la farine qui provient des moulins, puis on peut l'employer.

Teifaschi expose ensuite les procédés pour rendre
le talc fusible à l'aide de la chaleur et de l'addition
de diverses substances. Nous y reviendrons ultérieurement.

Le talc qui est cité comme étant employé pour
le vitrage des bains est nécessairement le mica, qui
peut seul fournir des lames ou feuilles assez grandes
pour être employées à cet usage. Il a été effectivement fort longtemps employé ainsi, notamment pour
la marine russe. Réduit en lames très-minces et très-
diaphanes, le mica était placé devant les images de
la sainte Vierge, ce qui lui a valu le nom de *glacies
Mariæ*. Cette diaphanéité l'a fait confondre avec la
*sélénite* ou *gypse lamelleux translucide*, comme nous
le verrons.

En résumé, le mot arabe طلق s'applique, 1° au
talc proprement dit, dont la structure' est fibreuse
ou lamelleuse, *Talcum albicans, lamellis subpellucidis*
Wall. *Gemeiner Talc*. Wern. (*craie de Briançon*, etc.

---

[1] On lit dans Kazwini cette variante : وبضرب فى الماء حتى
ينحلّ بعد غمس فى الماء «On le bat dans l'eau jusqu'à ce qu'il soit
dissous après qu'il y a été plongé.»

Girardin et Lecocq), et sans doute aussi à la *stéatite* (vulg. *craie d'Espagne*, ibid.) et au *talc compacte* ou *endurci* (*Verhærteter Talk*. Wern.); 2° au mica (*Glimmer*, Wern.) *blanc*, argentin, ou jaune, couleur d'or. Plusieurs autres pierres magnésiennes, comme la *pierre ollaire* et la *pagodite*, ont été rattachées au talc; mais nous n'avons point ici à nous en occuper[1].

Le talc, suivant Teifaschi, se trouve dans l'île de Chypre. On lit dans le *Kenz al-Tadjar* : الطلق تكون فى جزيرة قبرص ومنها يجلب جيده ويكون بجهات كثيرة غيرها وذكر ان منه نوعاً معدنياً يخسف وينشقوق بسطح جبل الطفل الشرقى باسوان. « Le talc se trouve dans l'île de Chypre, d'où on en tire de très-bon. Il y en a encore beaucoup en d'autres endroits. On rapporte qu'il y a une espèce minérale dans les ravines et les fentes sur les flancs de la montagne de Thafal à l'orient de Syène. »

Suivant Aly ben-Mohammed, cité par Ibn-Beithar, comme nous l'avons vu, le talc se trouve dans l'Yémen, dans l'Inde et dans l'Andalousie (Espagne). Ces trois localités répondent à l'expression du passage qui précède *et à divers autres endroits*. Quant à l'Espagne, elle est peu citée pour fournir du talc ou du mica; néanmoins le nom vulgaire de *craie d'Espagne* qu'il porte semble justifier l'assertion de l'auteur arabe.

---

[1] Voir, pour les diverses espèces de talc, *Dict. Hist. nat. Dét.* v° *talc*, p. 377, et, pour les diverses espèces de mica, *Élém. de min.* de Girardin et Lecocq, t. II, p. 183.

Nous avons vu plus haut, dans le chapitre du Béryl, que le gisement des émeraudes de Syène, qui, d'après les Arabes, était dans le talc, existait réellement, d'après les observations même les plus récentes, dans des couches de micaschiste, et non dans le talc, ce qui prouve matériellement la vraie signification du mot *talc* chez les Arabes.

Les observations modernes ont fait connaître que le talc était très-répandu dans la nature. Il fait partie des terrains qui forment le passage des terrains primitifs à ceux de transition. Il entre comme élément à l'état de paillettes dans la composition de certaines roches, où il remplace le mica. Cette roche, qui prend le nom de *protogyne*, forme des chaînes de montagnes entières, telles que celle du Mont-Blanc.

Le mica est plus répandu encore que le talc, car il entre comme élément dans la composition du granit, du gneiss et des schistes cristallins qui constituent la plus grande partie des chaînes de montagnes dites *primitives* et *granitiques* à cause de la texture grenue dè la roche.

Avicenne parle du talc au point de vue médical seulement, sans dire un mot sur son origine (I, 183). Ni Pline ni Théophraste n'en parlent nommément. Il n'en est pas fait mention dans Dioscorides, ni dans le texte, ni dans les apocryphes (*Notha*); aussi n'est-ce point sans étonnement que nous lisons dans Ibn Beithar une citation attribuée à Dioscorides, dans laquelle il rappelle que *le talc se trouve dans l'île de Chypre, qu'il se divise en lames et qu'il est incombustible.*

Cette citation se trouve dans Dioscorides, au ch. CLVI, liv. V, qui traite de l'*amiante*, ἀμίαντος, ce qui prouve qu'Ibn Beithar a confondu le *talc* avec l'*amiante*.

Le talc, croyons-nous, a été confondu avec la sélénite ou *gypse laminaire*, à cause de la texture schisteuse de ce dernier et de sa translucidité. L'origine attribuée à l'une et l'autre de ces deux substances a de l'analogie, car si le talc tombe sur la terre sous forme de rosée, la sélénite a été nommée la *crème de lune et sa salive*[1], حجر القمر يقال له ايضا بساق وزبد القمر, ce qui semble indiquer un mode d'existence pareil. Mais un argument qui nous paraît plus grave, c'est cette assertion de Rhazès que le talc vient de la *pierre de gypse*[2], من حجر الجصّ. Chez les Grecs, la sélénite est aussi appelée *aphroselènon*, Λίθος σεληνίτης ὅν τινες ἀφροσέληνον ἐκάλεσαν. Saumaise, après avoir, suivant son habitude, longuement discuté la question, en arrive à conclure que l'*aphroselènon* est le talc (*Plin. Exercit.* II, p. 1099 B). Le minéralogiste Vallerius

---

[1] Le manuscrit de la Bibliothèque impériale, sur lequel nous avons fait notre copie, porte بساق. Tous les autres, comme le texte imprimé de Wüstenfeld, portent براق.

[2] جبس , جبص , جصّ, en persan كج, est bien l'équivalent du grec γύψος, qu'on traduit ordinairement par *gypse* ou *plâtre*. Ici, il ne peut être traduit autrement; c'est ainsi que nous l'avons traduit dans Ibn al-Awam, t. II, 1ʳᵉ part. p. 335; mais, comme il s'agit là de la construction d'un fourneau pour la distillation, le plâtre ne résisterait point à l'action du feu; il faut donc recourir à une *argile réfractaire*, qui alors serait désignée par le mot جصّ, et faire cette correction à notre traduction. Ce nom de *djess* rappelle le nom de *gaise*, que, dans les Ardennes, on donne à l'argile.

donne le nom de *talc de lune* à une variété de talc
blanc et lamelleux. Boetius de Boot dit que le talc
est appelé par quelques-uns *étoile de terre*, et qu'il
est pareil à la *pierre spéculaire*, qui est, comme on
sait, la chaux sulfatée en grandes lames.

Teifaschi expose en ces termes la préparation
d'une dissolution de talc, avec laquelle on peut
rendre les corps incombustibles : القول فيما ذكره

القدماء فى استعمال الطلق فى حجب الاجساد عن النار =
ذكروا ان الطلق يتحلّل مثل المآء الرجراج بان تاخذ
سنـدروسـا فتدقّه دقّا ناعما ثم تجـعـل فى بوتـقـة ويصبّ
عليه تنكار ونطرون وتذاب حتى يرجع مـثـل المآء فاذا
اردت ان تطلى السُفُن حتّى لا تفعل فيها النار فخذ رطلًا
من الطلق المستحلب واغره بهذا المآء فانه يتحلّ واضف
اليه مثله شبّ ومثله صمغ ومن المغرة رطلين واطـل بـه
السفن فانّه يحفظها من ان يعمـل فيها النفط = ونقلت من
كتاب اسرار الخلقا للمسعودى فى باب صفة الاطلـيـة الـتى
يكون على السلاح والخيل فتضرم فيها النـار فلا تحـرق =
يوخذ من الطلق والصمغ الـعـربّى من كلّ واحـد رطـلًا
ومغرة اربعة ارطال وجبس رطلين ومن الدقـيـق الحـوّارى
ما شبت ومن بياض البيض ما شبت ومن بزر قطونا عشر
جزء يستحلب الطلق ويجعل مع الصمغ العربّى ويخـلـط
بالجبس والدقيق وبلعاب البزر قطونا وياخذ خلّ خمر يمزجه

بالماء حتى ينكسر جوضته ويخطه بلعاب بزر ويكبن جميع
الادوية به عجبًا يمكن طلبه وطلى به ما شيت قال ومسها
طلى به وطرح فى النار لم يحترق = قال مصنف الكتاب ولحل
الطلق طرق كثيرة غير هذين الطريقين

« Exposé de ce qu'ont dit les anciens sur l'emploi
du talc, pour préserver les corps contre l'action du
feu. On raconte que le talc est susceptible de se
dissoudre et d'être amené à l'état de gelée liquide
(par le procédé suivant). On prend de la sandaraque [1], qu'on réduit en poudre fine. On met ensuite ces substances dans un creuset, on verse dessus
du *tinkal* [2], du nitre. On effectue la fusion jusqu'à ce
que le tout soit réduit à l'état liquide (comme de
l'eau). Quand vous voudrez enduire des navires de
manière à les préserver des atteintes du feu, prenez
un rotl de talc *pur*, plongez-le dans ce liquide, il s'y
dissoudra; ajoutez quantité égale d'alun, autant de

---

[1] سندروس, qui est rendu dans Dioscorides par σανδαράχη, V. 122.
Suivant Avicenne et Ibn Beithar, c'est une résine qui découle d'un
arbre et qui ressemble au succin, sinon qu'elle est moins consistante, un peu amère. On la tire de l'Arabie et de l'Inde. هوصمغ
شجرة تكون فى بلاد العرب يشبه الكهربا الا أنه أرخى منه
وفيه شى من مرارة. Voyez Avicenne, I, 218, et Beithar, fol. 230 v°.
Suivant Léman, le *sandarous* serait, d'après Olivier, la résine du
copayer. (*Dict.* Déterv. *v° cit.*)

[2] ان التنكار من اجناس الملح يوجد فيه طعم البرق
« Le tinkar (dit Ibn Beithar d'après Isaac ben Amran) est une espèce de sel auquel on trouve le goût du borax. » Du mot arabe on
a fait le mot *tinkal*, qui, dans la chimie moderne, est appliqué à la
soude boratée.

gomme, argile, deux rotls, puis, avec cette préparation, vous enduisez les navires, qui alors seront garantis contre l'action du naphte[1]. J'ai extrait du *Livre des secrets des êtres (de la nature)* de Massoudi, le chapitre des Enduits qu'on applique sur les armes et sur les chevaux, de telle sorte que, si on les expose au feu, il ne les atteint jamais. On prend du talc et de la gomme arabique, un rotl de chacun, quatre rotls d'argile, deux rotls de gypse, farine de première qualité et blanc d'œuf à volonté, graine de lin, quatre parties; on purifie le talc, on l'ajoute à la gomme arabique, on opère le mélange avec le gypse et la farine, et le mélange obtenu avec la graine de lin; après avoir mêlé tout cela avec du vinaigre de vin, étendu d'eau jusqu'à ce que son acidité soit éteinte, on pétrit ensemble tous ces ingrédients jusqu'à consistance suffisante pour opérer un enduit sur ce qu'on voudra, et tout ce qui l'aura été avec cette préparation et qu'on aura jeté dans le feu, ne sera point brûlé. » L'auteur ajoute : « Outre ces deux moyens de dissoudre le talc, il en est plusieurs autres encore. »

Il est bien évident qu'ici il ne peut, en aucune manière, être question du mica, mais bien d'une substance talqueuse ou stéatiteuse friable et soluble. Nous avons vu quelques recettes données pour rendre

---

[1] Le texte porte : يحفظها من ان يعمل فيها النفط « Il les préserve de l'action que pourrait avoir sur eux le naphte. » Le mot نفط se trouve dans tous les textes; on ne peut le rejeter. Ici, il prend nécessairement le sens d'*huile de pétrole enflammée*, c'est-à-dire du *feu grégeois*, encore usité à cette époque.

les objets incombustibles; nous n'y avons point vu
figurer ni le talc, ni la stéatite; nous livrons le procédé arabe à l'examen des curieux, comme ce qui
va suivre, que nous extrayons de Kazwini : الطلـق

وهو حجر شريف يلقى على الرصاص والنحـاس والحـديـد
فيصيرها فضّـة باذن الله تعـالى قال الاسكندر أنّا لمّا علمنا
ان الذهب تحتاج الى لون يكون له بريـق فلونّاها بالطلق
وهو أيضا يدخل فى كثيرمن العلاجـات الطبـيـبـيـة
والطلسم والنـيـرج « Le talc est une pierre noble qui,
appliqué à l'étain, au cuivre et au fer, leur donne
l'aspect de l'argent (*litt.* les fait argent) par la
volonté du Dieu très-haut. Alexandre dit : « Quand
« nous savons que l'or a besoin d'un aspect (colora-
« tion) qui brille, nous le lui donnons avec le talc,
« qui entre aussi dans la confection de plusieurs
« préparations médicales et dans les talismans et les
« préparations magiques. »

---

Nous croyons, pour compléter notre travail, devoir donner les densités de diverses substances, telles
qu'elles ont été constatées par les expériences hydrostatiques rapportées dans le livre d'Abourihan
Albirouni, كتاب ميـزان الحكمة, *Book of the balance
of wisdom*, publié par M. de Khanikof, texte arabe,
avec une traduction anglaise (Extrait du *Journal asiatique américain*, volume VI, 1859), et par l'extrait de
l'*Ayn Akbery* que nous avons publié nous-même dans

le Journal de la Société asiatique (1858, n° 6), sous le titre de *Recherches sur l'histoire naturelle et la physique chez les Arabes. Pesanteur spécifique de diverses substances minérales.* En regard des chiffres obtenus par les Arabes, nous avons placé les chiffres donnés par les expériences modernes, et particulièrement par celles de M. Damour, membre de l'Académie des sciences, qui a bien voulu revoir notre tableau.

| NOMS DES SUBSTANCES | | DENSITÉS. | |
| --- | --- | --- | --- |
| ARABES. | FRANÇAISES. | Nombres ARABES. | Nombres FRANÇAIS. |
| ياقوت اسماني | Saphir. . . . . . . . | 3,97 | 3,99 |
| ياقوت سرخ | Rubis. . . . . . . . | 3,85 | 4,02 |
| بلور | Spinelle rubis balais . . . . . . . . | 3,58 | 3,52 |
| مرجان | Émeraude. . . . . . | 2,75 | 2,73 |
| عقيق | Lapis-lazuli . . . . . | 2,69 | 2,80 |
| مرواريد | Perle. . . . . . . . . | 2,60 | 2,68 |
| لاجورد | Cornaline. . . . . . | 2,56 | 2,58 |
| زمرد | Corail . . . . . . . . | 2,56 | 2,68 |
| لعل | Quartz hyalin cristal de roche. . . | 2,50 | 2,65 |
| ميناء | Émail, perle d'émail. . . . . . . . | 3 93 | manque. |
| الزجاج الفرعوني | Verre de Pharaon. | 2,49 | 2,88 |

Le chiffre donné par les Arabes pour l'émail est resté sans un correspondant moderne, parce que nous n'en avons pas trouvé qui fût indiqué; pour le verre de Pharaon nous admettons comme correspondant comparatif le chiffre 2,448, qui est celui de la densité du verre des glaces de Saint-Gobain, qui est presque identique à celui que donne Abourihan. M. de Khanikof a proposé 2,45, qui est la moyenne entre le *verre à glace* et le *crown*, ce qui pourrait peut-être aussi être admis.

Abourihan réunit au بلور le جزع ou onyx; ce qui peut s'expliquer par les chiffres de densité donnés par M. Damour. Celui pour l'onyx est de 2,59 et, d'après Abourihan, il est comme pour le quartz hyalin de 2,50, chiffres assez voisins.

Il a été signalé, à la fin de la publication de M. de Khanikof, deux erreurs existant dans notre notice indiquée plus haut, et qu'il importe de rectifier. Ces erreurs, qui sont dans le texte, devaient nécessairement nous échapper.

1° Au lieu de كهربا, *succin*, il faut lire مرجان, *corail*. En effet, l'énorme différence que nous avions remarquée entre les deux nombres exprimant les densités nous avait frappé, tandis que le chiffre donné par Abourihan concorde avec la densité du corail.

Il y a aussi une interversion entre la perle et le lapis-lazuli, de telle sorte qu'il faut, comme nous l'avons fait ici, attribuer au lapis-lazuli les chiffres de la densité de la perle, et à cette dernière la densité du premier. Gladwin, dans sa traduction, est, par la même raison, tombé dans la même faute que nous [1].

---

# APPENDICE.

## PRIX ET VALEUR VÉNALE DE QUELQUES-UNES DES PIERRES PRÉCIEUSES.

Nous avions tout d'abord renoncé à nous occuper de cette partie de l'œuvre, mais nous y sommes revenu, car nous y avons vu un moyen de mieux caractériser les pierres dont nous nous occupons. La tâche nous avait semblé inabordable à cause des difficultés, sans nombre, qui surgissent de tous les côtés, si l'on veut étudier la détermination précise des pesanteurs et des monnaies. Tous les livres composés sur cette matière et pourtant sortis de la plume d'hommes bien consciencieux et bien savants sont loin d'avoir complétement dissipé les ténèbres. Lorsque ensuite nous eûmes résolûment regardé la question en face, nous reconnûmes que la tâche n'était pas aussi lourde que nous l'avions craint.

En effet, nous avons trouvé dans notre texte lui-

---

[1] *Ayeen Akbery, or the Institutes of the Emperor Akber,* translated from the original persian, by Francis Gladwin, 2 vol. in-8°. Lond. 1800.

même des secours très-utiles et que nous pensons suffisants. Teifaschi annonce qu'il donne le prix admis dans les marchés de Bagdad et du Caire. وبكن نضع قيم الاحجار التى نذكر قيمها فى هذا الكتاب بحسب اعتبار سوقها فى موضعين وهما بغداد ومصر « Nous rapporterons les prix de celles des pierres dont nous parlons dans ce livre en les citant d'après les données fournies par deux marchés, ceux de Bagdad et du Caire. » Ailleurs, en parlant de la perle, il dit : الجوهر قيمته وثمنه = العقد المتعارف عند اهل بغداد ستة وثلثون حبّة واقل العقود زنته سُدس مثقال وهى اربعة قراريط. — « La perle et son prix. — Le rang adopté par les habitants de Bagdad est de trente-six grains, le moindre de ces rangs pèse un sixième de mitskal, qui est de quatre karats. » Ce passage nous place donc encore à Bagdad, et il détermine la valeur au poids du mitskal, tout en indiquant le mode suivi pour la vente des perles.

Cette question de la pesanteur sera ainsi fixée par l'auteur lui-même pour l'avenir. Le sixième du mitskal, poids fort important, comme on le verra, est égal à 4 karats ; donc le mitskal total égale 2 4 ka-rats : si nous prenons le karat de 4 grains, nous au-rons un nombre de 96 grains, qui peut-être était admis pour cette sorte de commerce. Mais si nous admettons aussi que parfois le karat n'était évalué qu'à 3 grains, comme on le voit dans un mémoire

de M. de Sacy *Sur les poids et mesures des Arabes,*
cité dans le *Journal des sciences* de Millin, t. I,
p. 189, nous sommes ramenés à 72 grains, qui est
le chiffre indiqué par Ibn-Khaldoun. واما وزن الدينار

اثنين وسبعين حبّة الشعير الوسط فهـو اللـذى نقـلـه

المحقّقون وعليه الاجماع الا ابن حزم الخ «Quant au poids
du dinar, il est de 72 grains d'orge en moyenne.
C'est celui qu'admettent les écrivains les plus exacts
et qui est généralement adopté, si ce n'est par Ibn-
Hazem, etc. » Il est à remarquer que M. de Sacy a
traduit le mot *dinar* du texte par *mitskal*, ce qui nous
prouverait une fois de plus que les deux mots
étaient quelquefois employés l'un pour l'autre,
puisqu'ils étaient égaux en poids comme nous allons
le voir. *Chrest. ar.* II, p. 114 texte, et 206 trad.

Le dirhem comme poids; dirhem légal. وزن

المثقال من الذهب الخالص اثنين وسبعون حبّة من الشعير

الوسط فالدرهم الذى هو سبعة اعشار خمسون حبّة وخمسا

حبّة وهذه المقادير كلها ثابتة بالاجماع. «Le poids d'un
mitskal d'or pur étant de 72 grains d'orge en
moyenne, le dirhem, qui en est les 7/10, est de 50
grains 2/5 en poids. Ces évaluations sont toutes
admises d'un commun accord. » (*Chrest. ar.* 112
et 284.)

Le karat est équivalent à la moyenne du poids de
4 grains d'orge. On est généralement d'accord sur

15.

ce point. L'expérience nous l'a du reste bien démontré. Presque tous les praticiens français admettent que le karat est de 4 grains. (Voy. Brard, *Minéralogie appliquée aux arts.*) Paucton dit que le poids du karat égale celui de 3 grains $\frac{1}{876}$, poids de marc de France, où on l'évalue à 4 grains (*Métrol.* p. 35). L'Annuaire du bureau des longitudes, suivi en cela par les bijoutiers modernes, évalue le karat à 0,205 au lieu de 0,212, qui est le poids réel de 4 grains, celui du grain étant de 0,053.

Le karat égale en poids le grain de caroube, qui aujourd'hui encore est usité entre les Arabes; mais on l'évalue seulement à 20 grammes; il serait encore le 1/24 du mitskal[1].

Ainsi nous avons la détermination en chiffres décimaux du mitskal à 3 gram. 816, et celle du dirhem à 2 gram. 671, le karat étant de 4 grains ou 0 gr. 212.

L'évaluation des monnaies paraît plus compliquée. Nous avons le dinar, qui comprend quatre variétés: 1° *dinar d'or rouge* دينار من الذهب الاحمر; — 2° *dinar du Magreb* دينار مغربى; — 3° *dinar sikka* دينار السكة; — 4° *dinar égyptien* دينار مصرية; — 5° le mitskal indiqué de cette manière : مثقال من ذهب الخالص *le mitskal d'or affiné.*

Le *dirhem* paraît plus particulièrement s'appliquer à une monnaie d'argent; nous en avons trois espèces : 1° درهم الفضة النقرة الخالص *dirhem d'argent affiné en*

---

[1] Karat, قيراط, dérive du grec Κεράτιον, petite corne, *siliqua.* (Diosc. I, 159.)

lingot; — 2° درهم ناصرية نقرة *dirhem naceri en lingot;*
— 3° درهم سكّة *dirhem sikka* (frappé)[1].

Pour l'évaluation de ces monnaies, nous nous
sommes aidé particulièrement du beau travail de
M. Vasquez-Queipo sur les *Systèmes métriques et
monétaires des anciens peuples.* Nous avons aussi appelé à notre aide la *Métrologie* de Paucton.

M. Vasquez-Queipo a basé son travail sur l'étude
des médailles et monnaies elles-mêmes. Il ne s'est
point contenté de combiner entre eux les textes des
écrivains et de lire les légendes, il a classé chrono-
logiquement les pièces, il les a toutes pesées en
nombre considérable et il en a donné les poids en
chiffres décimaux, de sorte que si l'on n'arrive
point, pour les évaluations, à une précision mathé-
matique, on est sûr au moins d'avoir une moyenne
sérieuse. Nous avons donc recueilli les chiffres indi-
catifs des quotités énoncées par M. Vasquez-Queipo
dont le conservateur du musée de la Monnaie,
M. Clairaut, nous a obligeamment donné la valeur
actuelle en monnaie d'or.

Ainsi, pour les monnaies d'or des khalifes d'Orient
et d'Espagne, nous avons les moyennes suivantes :

| | | |
|---|---|---|
| Système almoravide, dinar.... | = 3 grains 943 | = 13ᶠ,453 |
| Système arabe, dinar......... | = 4 grains 228 | = 14ᶠ,417 |
| Système arabe égyptien, mitskal | = 4 grains 666 | = 15ᶠ,890 |
| | Dont le total est de... | 43ᶠ,760 |
| | Dont le 1/3 = | 14ᶠ,586 |

[1] Voy. *Chrest. arab.* de Sacy, II, p. 284.

Le dinar a souvent été comparé au sequin de Venise qui valait 11 fr. 31 cent. (Paucton, p. 860), valeur bien voisine de celle du sequin de l'empire ottoman, qui est de 11 fr. 24 cent. (*An. b. long.* 143). Il en est qui l'ont évalué en somme ronde à 10 fr. comme moyenne entre 14 francs et 7 francs, deux chiffres entre lesquels, à diverses époques, a pu osciller la valeur du dinar. Pour nous, comme nous avons affaire à des valeurs de l'Orient, nous prenons la moyenne des chiffres relevés par M. Vasquez-Queipo, que nous portons en somme ronde à 14 fr. 50 cent.

Le dinar d'Égypte ou d'Abd el-Melik serait, suivant M. Vasquez-Queipo (lettr. du 3 mars 1868), du poids de 4$^{gr}$,25 et vaudrait 14 fr. 92. Ce chiffre a exercé quelque influence sur la fixation de notre moyenne à 14 fr. 40.

Le dinar du Magreb pèserait 4$^{gr}$,66 et vaudrait 15 fr. 90 cent.

Le dinar d'or rouge paraît dans certains cas avoir le double de valeur des autres, comme on le voit à l'article du prix du béryl. Cette monnaie ne se trouve indiquée qu'une seule fois.

Le dirhem se présente de trois manières, ainsi que nous l'avons vu : 1° dirhem d'argent *noqrah* (en lingot) affiné ; 2° dirhem naceri *noqrah* ; 3° dirhem *sikka*, marqué.

Il est à remarquer d'abord que le mot نقرة *noqrah* n'a été expliqué par aucun des savants qui ont traité la question des monnaies arabes. Il a des significations très-variées et très-diverses ; celle qui s'adapte le plus à notre sujet, c'est celle-ci : *Liquatum aurum argentumve, pars ejus* « partie d'une masse d'or ou d'argent fondu ». Telle est l'interprétation qu'on lit dans les dictionnaires de Castel ou de Freytag ; le dictionnaire persan de Richardson traduit ce mot par *lingot*. Déjà nous avions pensé à cette interprétation dans laquelle nous avons été alors confirmé. Nous avions, à force de méditations, cru qu'il s'agissait d'un certain poids d'argent, un petit lingot non frappé ou même qui avait pu l'être, ainsi que nous en avons vu au musée de la Monnaie ; tandis que la pièce dite *sikka* سِكَّة, au contraire, est toujours marquée d'une empreinte. Ce qui pourrait appuyer cette conjecture, c'est que ce mot semble constamment accompagner, comme spécificatif, le mot *dirhem*, qui pourrait dans certains cas n'être plus que l'indicateur d'une pesanteur.

En résumé, M. Vasquez-Queipo admet pour moyenne des dirhems d'argent des khalifes d'Orient en poids 2$^{gr}$,844, ce qui représente une valeur monétaire en argent de 0 fr. 626, et pour les dirhems des khalifes d'Espagne 2$^{gr}$,710, valant 59 cent. M. Barbier de Meynard admet une valeur de 65 cent. qui nous paraît acceptable.

Telles sont les bases que nous avons admises pour nos évaluations au poids et monétaires. C'est un essai de bonne foi que nous offrons à nos lecteurs.

Nous avons soulevé la question sans avoir aucune-
ment la prétention de la résoudre.

------

Les perles se vendaient à Bagdad enfilées par
rangs (عقد sing. عقود plur.) de 36. Le rang le plus
faible en poids était d'un sixième de mitskal égalant
4 karats, ce qui portait le mitskal à 24 karats ou
72 grains ou 5$^{gr}$,088.

Dix de ces rangs, du poids de 4 karats chacun ou
0$^{gr}$,848 faisant 40 karats au total ou 8$^{gr}$,480, se
vendaient 4 dinars d'or à 14 fr. 40 cent. l'un, ce qui
donne au total 57 fr. 65 cent. $=$ Dix rangs du
poids de 1/4 de mitskal ou 6 karats. — 1$^{gr}$,212
chacun ou 12$^{gr}$,120 au total, se vendaient 5 dinars
ou 72 fr. 10 cent., et ainsi de suite dans la même
proportion croissante jusqu'à ce que le rang eût atteint le poids de 4 mitskals ou de 96 karats ou 20$^{gr}$,352.
Il se vend alors les dix rangs 200 dinars ou 2,890 fr.
A partir de là, chaque rang est vendu séparément.
Un rang du poids de 4 mitskal 1/2, égalant 108 karats ou 22$^{gr}$,82, est de 40 dinars ou 578 francs. $=$
Le rang de 5 mitskals ou 120 karats ou 25$^{gr}$,440
se vend 60 dinars ou 867 francs. La progression
marche ensuite dans ce sens jusqu'à un certain poids,
à la valeur duquel s'ajoute la perfection de la perle.

On lit dans Boetius de Boot (*De gemmis et lapidibus pretiosis*, p. 177 et suiv.) qu'en l'année 1604 une
perle sans défaut pesant un grain, le 1/4 d'un karat,

se vendait 13 *cruciferi ;* le *cruciferum* (kreutzer) valait
1/70 de thaler, c'est-à-dire o fr. o52 4/7 qui, multi-
plié par 13, donne o fr. 683 ; si elle pesait deux grains,
elle valait 52 *crucif.* ou 2 fr. 733 ; si elle atteignait
4 grains, c'est-à-dire un karat, le prix était de 210
*crucif.* ou 3 thalers, 11 fr. o4 cent. Tel était le prix des
perles imperforées, celles qui l'étaient se vendaient
les 20 grains ou 5 karats 175 *crucif.* ou 9 fr. 10 c.
Ce qui portait les 40 karats à 72 fr. 80 c. qui équivalent au poids de 6 karats chez nos Arabes.

Aujourd'hui, en France, le prix des perles est
bien plus élevé, car une perle d'un grain vaut 4 fr.
le karat, celle de 2 grains $=$ 10 francs le karat, et
celle de 4 grains ou un karat $=$ 50 francs.

Au-dessous de ce poids, les perles se vendent à
l'once $=$ 30$^{gr}$,528 de 300 à 1,000 francs, ce qui
porte le karat ou les 4 grains de 2 fr. o83 à 6 fr.
90 cent. et les 40 karats de 83 francs 32 cent. à
276 francs.

Prix du rubis (yakout). L'auteur prend ici, comme
nous l'avons dit précédemment, les prix du marché
de Bagdad, qui sont égaux à ceux du Caire.

Le rubis rouge dit *behrman,* quand il est d'une
belle eau, d'une netteté parfaite et du poids d'un
demi-dirhem ou 8 karats (1$^{gr}$,464), se vend en
moyenne 6 mitskals ou 8 dinars d'or affiné (115 fr.
20 cent.), ce qui fait par karat 3/4 de mitskal ou
un dinar d'or affiné (14 fr. 20 cent.). La pierre du
poids de 1 dirhem, 16 karats (2$^{gr}$,928), est évaluée
à 2 dinars par karat, 28 fr. 40 cent. ou 556 francs

au total. — La pierre du poids d'un mitskal ou
24 karats, 2$^{gr}$,968, se vendait 2 dinars 1/2 le karat
(36 francs), au total 864 francs. La pierre du poids
de 1 mitskal 1/2 $=$ 36 karats se vendait 3 dinars le
karat ou 1,592 francs 60 cent. La progression pour
le prix allait ainsi en augmentant en raison du poids.
Parfois l'éclat et la supériorité de la pierre ajoutaient
beaucoup à sa valeur, tellement que le rubis rouge
du poids de 1 mitskal (24 karats) pouvait atteindre
le prix de 100 mitskals d'or pur ou 1,775 francs.

Le corindon bleu ou *saphir* et le saphir *zeiti*
étaient évalués à 4 dinars (56 francs) chaque dirhem
ou les 16 karats. Le corindon jaune ou *topaze* était
vendu moitié prix. Le saphir d'eau l'était moitié du
précédent ou le quart du saphir bleu. Ces prix paraissent bien faibles en raison de ceux qui précèdent[1].

---

[1] Nous nous sommes beaucoup écarté du texte parce qu'il nous a
paru très-fautif en ce que diverses indications de prix et de valeurs
ne donnent que des erreurs quand on vient à les traduire en chiffres.
Ainsi on lit dans le texte : الحجر الذى زنته نصف درهم قيمته سنة
مثاقيل من الذهب الخالص يكون زنة كل قيراط منه بعشرة درهم
من الفضّة النقرة الخالصة لها من الذهب الخالص نصف وربع
مثقال. « La pierre dont le poids est un demi-dirhem a une valeur
de 6 mitskals d'or pur; ainsi, le poids de chaque karat sera de 10 dirhems d'argent en lingot affiné, ce qui vaut en or affiné la moitié
plus le quart (les 3/4) d'un mitskal. » Nous pensons devoir lire : الحجر
الذى زنته نصف درهم قيمته سنة مثاقيل من الذهب الخالص
يكون زنة كل قيراط من الذهب الخالص نصف وربع متقال
et traduire : « La pierre dont le poids est d'un demi-dirhem est du
prix de 6 mitskals d'or affiné; ainsi, le poids de chaque karat sera de
la moitié et du quart (ou des 3/4) du mitskal. » En effet, trois quarts

L'émeraude *vert mouche*, qui était la plus recherchée, se vendait, quand elle était dans de belles conditions, 4 dinars (66 fr. 20 cent.) le karat ou le *dirhem*, 1,059 fr. 20 cent. Les autres espèces étaient sans valeur.

Le béryl du poids de un demi-dirhem, 8 karats, se vendait un dinar, et le dirhem un dinar d'*or rouge*, quand les pierres étaient de bonne condition. Il paraît que l'or rouge avait une valeur du double.

Le rubis balais d'une belle eau, d'un éclat vif et d'une teinte rouge irréprochable, était estimé à moitié prix du corindon rouge.

Le zircon était estimé au quart de la valeur du rubis balais ou même selon sa condition.

Le *mazanabi*, qui était l'espèce la plus appréciée du genre, atteignait 2 dinars $=$ 33 fr. 10 cent. par mitskal ou 24 karats.

Le grenat. Le prix en est d'un demi-dinar ou 8 fr. 275 le mitskal, au total 217 francs.

La turquoise se trouve généralement montée en

de mitskal d'or sont l'équivalent de un dinar ou 72 grains, comme il est généralement admis, ce qui concorde très-bien avec les nombres de la progression, tandis que les *dix dirhems* ne répondent à rien. — Arrivant à la pierre dont le poids est d'un dirhem, nous lisons dans le texte : الحجر الذى زنته درهم قيمته ستة عشر دينار زنة كل $=$ Nous croyons devoir lire : الحجر الذى قيراط منه بدينارين زنته درهم وهى ستة عشر قيراط زنة كل قيراط منه بدينارين — « La pierre dont le poids est de un dirhem, c'est-à-dire 16 karats, est de 2 dinars le karat. » Toute autre lecture ne donne qu'un sens incompréhensible.

chaton d'anneau; le prix en est très-variable, il peut être d'un dinar (16 fr. 55 cent.) ou d'un dirhem d'argent (o fr. 65 cent.) suivant les circonstances.

La cornaline. On en fait des cachets qui se vendent 4 dirhem *nacèri* en lingots ou o fr. 60 cent. chaque dirhem, au total 2 fr. 40 cent.

Le diamant. Le prix moyen était de 2 dinars le karat ou 33 fr. 10 cent. Yakoub ben Isahaq al-'Kendi rapporte qu'il a vu les diamants varier pour la grosseur depuis celle d'un grain de sénevé jusqu'à celle d'une amande. Le prix le plus élevé qu'il ait trouvé à Bagdad était de 80 dinars ou 1,324 fr. 40 c. le mitskal ou les 24 karats, et le prix le plus faible 15 dinars ou 248 francs le même poids, c'est-à-dire 55 fr. 58 le karat dans le premier cas et 10 fr. 34 cent. dans le second.

L'œil de chat ou astérie. Le prix varie suivant que cette gemme est plus ou moins recherchée. Ainsi, dans le pays des Arabes, où elle l'est peu, elle se vend 5 dinars ou 72 fr. o5 cent.[1]. Dans l'Inde, elle était plus chère. « Un habitant de Ghaznah m'a raconté, dit Teifaschi, qu'il avait vu une de ces pierres vendue 700 dinars ou 10,087 francs.

La lazulite ou lapis-lazuli minéral se trouvait à l'état de pierre, ou taillée pour chaton de bague. On la trouvait aussi réduite en poudre, lavée et encore à l'état brut, خلام. Un chaton dans de bonnes conditions, propre à recevoir la gravure d'un cachet, se vendait 3 dirhems d'argent en lingots ou à peu près.

---

[1] Système arabe. V. Vasquez-Queipo, t. III.

La pierre qui a été lavée, dont on a exprimé l'eau
et qui a été recomposée, est évaluée un dinar ou
16 fr. 55 cent. l'once ($30^{gr},528$). Ce qui est brut
n'est évalué qu'aux deux tiers[1].

Le corail. La valeur du corail en Afrique, où se
trouvent les bancs de cette gemme, est de 5 à 7 dinars sikka du Magreb, de 79 fr. 50 c. à 31 fr. 80 c.
pour un rotl de la même région, 467 grains; chaque
dirhem *sikka* ou frappé équivalant à *dix* dirhems
sikka suivant leur manière de compter, ce qui équi-
vaut à *cinq* dirhems naceri, lesquels, par conséquent,
ont une valeur double des précédentes. Ainsi le
dinar du Magreb valant 15 fr. 90 cent., les dirhems
sikka vaudraient 1 fr. 59 cent., soit 1 fr. 60 cent.
et les dirhems naceri s'élèveraient au double, c'est-
à-dire à 3 fr. 20 cent.

[1] Ces trois opérations sont exprimées par ces mots : الحجر المغسول
المصوّل , المعكون qui, détournés de leurs significations primitives
pour entrer dans le langage technique, ont besoin d'être étudiés.
مغسول *lavé* ne présente pas de difficultés ; مصوّل est dérivé de
صال qui signifie à la deuxième forme *eduxit succum rei dum aqua
macerabatur*, c'est comprimer une substance qui a séjourné dans l'eau
pour en extraire l'eau — معكون du verbe عكن *componere rem*, arranger
une chose. Il s'agit donc d'une opération qui consiste à laver la lazulite pulvérisée, en exprimer l'eau et la réunir en masse. La description de l'opération donnée par Prinsep rendra l'explication bien plus
claire. « Le lavage de la lazulite consiste à pulvériser la pierre, la pé-
trir avec de la gomme de sandaraque, la laisser séjourner dans l'eau
pendant trois jours. » Prinsep ajoute que c'est aussi le procédé employé pour la fabrication du bleu d'*outremer* dont ne parlent point
nos Arabes. Nous retrouvons, comme on le voit, les opérations indiquées par nos mots techniques.

Si maintenant nous ramenons notre attention sur les valeurs actuelles des pierres précieuses, diamants, rubis, etc., nous serons étonnés des différences que nous aurons à signaler. Faisons d'abord cette remarque que les Orientaux ont placé en tête de leur joaillerie le rubis rouge dont ils donnent le prix avec quelques détails de progression, tandis que pour le diamant nous ne voyons que des indications très-vagues. Aussi Reineri, dans les notes qui accompagnent sa traduction, dit-il (p. 81, n. 10) que les *Orientaux* estimaient le rubis rouge plus que le diamant; il était donc impossible d'en assigner la véritable valeur quand il avait atteint les dernières limites de la perfection et de la beauté. Cette préférence pour le rubis se retrouvait encore au temps de Benvenuto Cellini, qui vivait au xviᵉ siècle, car Reineri rapporte que Cellini dit, dans son *Traité sur l'orfévrerie*, qu'un rubis du poids d'un karat qui aurait atteint le dernier terme de perfection coûterait 800 écus, tandis qu'un diamant du même poids et dans un pareil état de perfection n'en vaudrait peut-être pas 100.

Nous avions pensé pouvoir donner les prix des pierres précieuses au cours du jour, afin qu'on pût les comparer avec ceux indiqués par les Arabes et trouver pour ces deux époques des documents sur la valeur relative du numéraire. Mais la difficulté d'obtenir des renseignements de détail nous force à nous renfermer dans des généralités qui néanmoins pourront avoir leur utilité.

Le diamant est aujourd'hui la pierre la plus estimée, et le rubis oriental, corindon rouge, vient en seconde ligne. Nous voyons dans Boetius de Boot que de son temps il en était ainsi; la bonne condition de la pierre exerce maintenant, comme toujours, une très-grande influence sur le prix. Ajoutons encore la mode, ce Protée capricieux et si inconstant dans ses goûts, le développement du luxe, l'augmentation de la richesse publique et de l'aisance des particuliers. Un fait bien constaté, c'est que le prix des pierres précieuses et du diamant a surtout augmenté considérablement depuis quelques années.

Le diamant d'un karat vaut, suivant Barbot, 300 francs, et suivant Brard, vers 1820, 260 à 280 francs le karat quand il est taillé en brillant. Taillé en rose, suivant Barbot, il vaut 200 francs le karat ou un tiers de moins. Un rubis d'Orient pesant un karat vaut 150 francs, moitié du diamant. Comme chez nos Arabes, le prix du karat augmente en raison du volume de la pierre. Ainsi un diamant de 8 grains ou 2 karats vaudrait 1,000 francs, celui de 12 grains vaudrait 1,800 francs et celui de 24 irait à 5,000 francs. Les pierres d'un fort volume arrivent à un prix hors de toute proportion.

Le rubis d'Orient pesant un karat vaut 150 francs, un rubis de 2 karats varierait de 200 à 600 francs, on trouve que 2 rubis du poids l'un de 8 karats et l'autre de 5 sont évalués au même prix de 4,000 fr.

Un rubis *spinelle*, qui, pour Barbot, est d'une

qualité supérieure au rubis balais, étant de 3 karats est évalué à 3oo francs; un rubis balais du même poids le serait de 5o à 72 francs.

Les gros rubis d'Orient, dit Barbot, sont rares, et quand ils atteignent un certain poids, ils dépassent le prix du diamant, mais c'est fort rare.

Pour l'émeraude, Barbot ne donne que des renseignements vagues. Il cite quelques-unes des pierres comprises dans l'inventaire des pierres de la couronne de France fait en 1791. Nous y voyons figurer deux émeraudes du poids de 1o karats chacune, estimées ensemble 6,ooo francs, et une autre de 9 karats 5/16 estimée 3,ooo francs.

Boetius de Boot porte le prix du diamant d'un karat à 13o thalers, celui de 2 karats vaudrait 43o thalers, celui de 5 karats serait de 2,29o thalers. On voit avec quelle rapidité la progression s'accroît ici. Le rubis oriental avait, suivant lui, le même prix que le diamant[1].

Nous arrêterons ici ces indications qui peuvent avoir plus d'intérêt pour les économistes que pour les orientalistes. Nous répéterons en terminant que lorsqu'on veut étudier les valeurs des gemmes à ces

---

[1] Les chiffres donnés par Boetius de Boot semblent être plutôt des chiffres de compte que des indications précises de valeurs monétaires. Ils paraissent destinés à faire voir la progression croissante du prix en raison du poids de la gemme, car il dit qu'on doit, avant tout, se mettre d'accord sur la monnaie dans laquelle le marché se traite. Est-ce en thalers, en florins, en ducats ou en couronnes, toutes monnaies de valeur différente? (*De gemm. et lapid.* lib. II, cap. v, p. 129 et seqq.)

époques éloignées, il faut tenir compte du prix de l'argent, qui était beaucoup plus élevé. Par suite, le salaire des ouvriers était bien plus faible, et en outre un bon nombre d'entre eux encore à l'état d'esclaves ne recevaient que la nourriture. Les pierres étaient polies en cabochon et nullement taillées à facettes, ce qui diminuait beaucoup le travail. Enfin les familles riches étaient beaucoup plus rares et nécessairement le luxe bien moins répandu.

## TABLE DES MOTS EXPLIQUÉS.

أزرق bleu pourpré, 37 et not.

أسرب plomb, 8.

أسباذشت *usiâdsichat*, sorte de zircon jaune, 90, 95.

أفندى sorte de malachite, peut-être أفرنجى 158, not. 159.

الماس le diamant, 90 ; ses nuances diverses, بلورى, زيتى, etc. 100.

الماست pierre qui ressemble à l'émeraude, 75.

بنزهر, بازهر, بادزهر bézoard, 115. المعدنى — bézoard minéral, 117. الحيوانى — bézoard animal, 119.

بجادى grenat, 92, confondu avec le zircon, 94.

بحاقى pour ابو احاقى espèce de turquoise, 123.

بسذ pers. corail. بسّذ ses racines, 174.

على بطانة ou على بطانى pierre posée sur son intérieur, non creusée, *chevée*, 76 et 94, not.

بلخش rubis balais, spinelle ; persan لعل — 81.

 16

بلور cristal de roche, quartz hyalin, بلّور béryl, 202, 203.

بناكيم pers. بنكان sablier, — clepsydre — الماءة الرملية, 139.

بنفش hyacinthe ou zircon, 89, confondu avec le grenat, 94.

تخت الاسرب table de plomb portée sur des pieds, 186 not.

تشعير être gâté par des fêlures, ou *glaces* ou *givres*, en parlant des gemmes, 206. V. شعر et سوس.

تنكار tinkal, soude boratée, 248.

توتيا, توتيا معدنى toutie minérale, toutenague et zinc. Causs. de Perc. 151.

تومة sing. توم plur. perle blanche 17.

جزع onyx. 134. Ses nuances, 135.

جصّ, جبص et جبس, pers. گچ γύψos, gypse, quelquefois argile réfractaire, 216, not.

جمست améthyste (quartz) ou de جمر, 183.

جوهر sing., جواهر plur., pers. گوهر = nom générique de la perle, 16, 17.

حجر ارمنى pierre d'Arménie, cuivre carbonaté bleu terreux, 166, 167.

حجر الصرف ou حجر الخمار la pierre de *sirf* ou la pierre de l'ivresse. V. hématite, 190.

حجر الفتيلة *litt.* pierre de mèche, de lumignon, amiante, 124.

حجر القمر pierre de lune, sélénite, gypse cristallisé, زبد القمر crème de lune, *ibid.* 218.

حفدة sing., حفارد plur., un des noms de la perle = 17

خام pierre brute, 315.

ياقوت ابيض yaqout blanc, saphir d'eau, corindon limpide. — بلورى ou مهاى = *candore nitens*, cristallin. — ذكر = le mâle, 39.

ياقوت اصفر yaqout jaune, topaze orientale. خلوقى = jaune foncé. — جلنارى grenadin, 35. مشمشى = couleur abricot. — اترجى = couleur citrine — تبنى = couleur jaune paille — 36. ياقوت اسمانجونى = saphir oriental, 36. — أزرق — bleu pourpré. — لازوردى = bleu d'azur. — نيلى = bleu indigo. — كحلى = bleu très-foncé — 37.

يسب , يصب , يسف , jaspe, 226; ses diverses nuances, 200, espèces, 202.

ياقوت نارم ou نارمة nom du spinelle rouge dans l'Inde, 85, not.

بشم souvent réuni au يسب, jade oriental, 194, 195 et 196. Jade axinite. — Jadéïte, 248.

---

M. Damour ayant soumis à l'expérience hydrostatique un fragment de verre égyptien communiqué par M. de Vogüé, de l'Institut, a trouvé pour densité : 2,51, chiffre qui ne diffère que de 0,03 de celui donné pour la densité des glaces de Saint-Gobain. Nous pensons, à cette occasion, compléter nos documents en donnant la composition du verre ancien d'après Kazwini, qui l'attribue à Aristote :

زجاج = قال ارسطو الزجاج انواع كثيرة منه ماتحجر ومنه رمل يوقد تحته ويلقى عليه حجر المغنيسيا فيجمع جسده بالرصاصية

التى فيه وقد ينخذ من لحصا والقلى المطحونين يسبـك فى قبّة
مصنوعة لذلك ويوقد عليه كثيرًا حتى يختلط ويجرى  والزجاج اذا
اصابته النار ثم لخرج الى الهواء من غيران يدخن ينكسّر ولم
ينتفع به وهو يتلون بالوان كثيرة

= *Le verre*. Aristote dit : « Le
verre est de beaucoup d'espèces. Il y a celui qui est à l'état
de pierre, et celui qui est (fait) de sable, sous lequel on a
allumé du feu et sur lequel on a jeté de la *magnisia*[1], qui, au
moyen du plomb qu'elle contient, réunit le produit ( litt. le
corps) *de la fusion*. On fait aussi du verre avec du gravier
(siliceux) et de la soude qu'on a moulus et qu'on fait fondre
dans un four voûté préparé exprès. On allume un grand feu
*qu'on entretient* jusqu'à ce que le verre coule. Quand le verre
est encore chaud de l'action du feu et qu'on le sort à l'air
avant qu'il ait été enfumé (recuit), il se casse et reste sans
utilité. On peut lui faire prendre des teintes variées. »

---

### ADDITION AU CHAPITRE DU JADE.

Il faut aussi mentionner le *jade axinite*, ainsi nommé parce
qu'on le regardait comme étant la substance particulièrement employée dans la confection des *haches en pierre*. A la
suite d'études sérieuses M. Damour a reconnu que le plus

---

[1] مغنيسيا. Ce nom paraît avoir, comme souvent, été donné à plusieurs
substances très-différentes. Castel traduit par *marcassita lapis pyrites*, etc.
mais ici on doit traduire par *oxyde de plomb, litharge* ou *massicot*. Avicenne
rattache le *magnisia* au *marcassita*, mais il nous semble que *litharge* est ce
qui répond le mieux au *magnisia* des Arabes, ici surtout, mais on peut
l'appliquer aussi au *marcassita*. La magnésie des modernes est une substance tout autre, de même que la marcassite, qui est un *sulfure de fer*, une
*pyrite*.

souvent ce qu'on avait pris pour du jade était une substance
qui avait grande analogie avec lui pour l'apparence, tandis
qu'en réalité elle était d'une nature différente, c'est pourquoi il lui a donné le nom de *jadéite*. (Comptes rendus des
séances de l'Académie des sciences, tome LXI, séances des
21 et 28 août 1865.)